跨境河流水冲突与合作研究

田富强　倪广恒　林　木　著

科学出版社

北京

内 容 简 介

本书分为两部分（共 9 章）。第一部分（第 1～4 章）介绍全球和中国周边跨境河流基本情况、跨境河流水冲突与合作典型案例、跨境河流水资源管理相关国际公约分析。第二部分（第 5～9 章）介绍跨境河流水合作演化的新闻媒体大数据分析、澜沧江-湄公河流域水利益耦联关系量化评估、澜沧江-湄公河水合作演化的社会水文模型研究、澜沧江-湄公河水合作博弈模型研究、跨境河流水合作的进化与上下游互惠等关系跨境河流水冲突与合作的重要问题。希望本书能够为深入理解跨境河流水冲突与合作演变规律、科学合理管理跨境河流水资源、促进人类命运共同体建设提供理论和技术支撑。

本书可作为跨境河流管理、社会水文学、水外交等相关领域专家的参考用书，也可供高等院校相关专业的教师和研究生阅读。

审图号：GS 京（2024）1187 号

图书在版编目(CIP)数据

跨境河流水冲突与合作研究 / 田富强，倪广恒，林木著. -- 北京：科学出版社，2024.11. -- ISBN 978-7-03-079427-7

Ⅰ. TV213.4

中国国家版本馆 CIP 数据核字第 2024JX2132 号

责任编辑：王　钰 / 责任校对：王万红
责任印制：吕春珉 / 封面设计：东方人华平面设计部

科学出版社出版
北京东黄城根北街 16 号
邮政编码：100717
http://www.sciencep.com
北京中科印刷有限公司印刷
科学出版社发行　　各地新华书店经销
*
2024 年 11 月第 一 版　　开本：B5（720×1000）
2024 年 11 月第一次印刷　　印张：13 1/2
字数：260 000
定价：168.00 元
（如有印装质量问题，我社负责调换）
销售部电话 010-62136230　编辑部电话 010-62151061

前　　言

　　跨境河流指流经或形成两个或多个国家边界的河流。全球共有 310 条跨境河流，覆盖了全球 47.1%的陆地面积，涉及全球 52%的人口，水资源量约占全球可更新淡水总量的 60%。在全球气候变化影响下，跨境河流水资源的脆弱性日益突出，水灾害防御形势日益严峻。跨境河流合作是科学应对水安全风险的重要保障，而冲突则会加剧水危机甚至引发战争，影响联合国 2030 可持续发展目标的如期实现。同时，中国的跨境河流众多，跨境河流关系国数量居世界前列，跨境河流的冲突与合作影响到中国对跨境河流的合理开发利用以及周边外交安全。为此，亟须开展跨境河流水冲突与合作的学理和法理研究，为跨境河流水资源管理提供科学依据。

　　跨境河流水问题的研究需要多学科交叉研究，影响跨境河流水冲突与合作的主要驱动因子包括自然驱动因子和社会驱动因子。其中，气候地理等自然条件、水资源及其利益的时空格局，是决定上下游国家水资源多级权属界定、利益分配及权益保障的基础性要素。由于各国对水资源需求与管理偏好存在差异，跨境河流流域内水资源开发利用的社会、经济和环境的多目标特征更加明显；同时，跨境水问题还因涉及国家领土主权和地缘安全而十分敏感。

　　本书是对跨境河流水问题长期研究积累的成果，由田富强、倪广恒和林木撰写并统稿，本书作者指导的多名研究生也参与了其中的研究工作。全书共分为两部分，包含 9 章。第一部分（第 1～4 章）介绍全球和中国周边跨境河流基本情况、跨境河流水冲突与合作典型案例、跨境河流水资源管理相关国际公约分析。第二部分（第 5～9 章）介绍跨境河流水合作演化的新闻媒体大数据分析、澜沧江-湄公河流域水利益耦联关系量化评估、澜沧江-湄公河水合作演化的社会水文模型研究、澜沧江-湄公河水合作博弈模型研究、跨境河流水合作的进化与上下游互惠。其中，钟勇参与了国际公约分析内容的研究工作，皮耶参与了耦联关系量化评估内容的研究工作，芦由参与了社会水文模型内容的研究工作，魏靖和郭利颖参与了新闻媒体大数据分析内容的研究工作。衷心感谢上述研究生为本书所做的贡献！

　　本书所涉及的跨境河流水问题研究工作由胡和平教授首倡并悉心指导，在此表示衷心感谢！

本书的研究工作得到了科技部国家重点研发计划项目"跨境流域水资源合理利用及安全调控"（项目编号：2016YFA0601603）和国家自然科学基金国际（地区）合作交流项目"中国和智利流域水-能源-食物耦合系统比较研究：协调水电和其他竞争性用水"（项目编号：51961125204）的资助，也得到了水利部、外交部等部门的指导、支持与帮助，在此一并表示感谢！

由于作者水平所限，书中难免存在不足之处，恳请读者批评指正。

目　　录

第1章 绪 论

1.1 跨境河流水冲突与合作的研究意义

水是生命之源、生产之要、生态之基,事关供水安全、粮食安全、能源安全、生态安全等,是维系人类生存和发展的关键要素。在全球气候变化的大背景下,极端天气和气候事件频率增加,水资源短缺和洪涝灾害并发问题日益严峻。水问题已成为制约人类可持续发展的重要限制性因素。同时,人口增长和经济发展导致对水资源的需求不断增长。2010 年,联合国把水资源问题确定为一项人权问题。在 2012 年 7 月举行的联合国可持续发展大会上,水资源因其在可持续发展中的重要性而再次吸引国际社会关注。在 2013 年 10 月举行的布达佩斯水峰会上,联合国秘书长潘基文称,水是可持续发展的关键,世界近一半的人口在 2030 年将要面临水资源短缺问题,国际社会应加强合作解决水问题。2020 年 1 月,世界经济论坛发布的《2020 全球风险报告》显示,未来 10 年按照影响严重性排序的前 5 位风险中,有 4 个风险与水资源相关,包括气候变化缓和与适应措施失败、重大生物多样性损失及生态系统崩溃、极端天气事件、水资源危机等。

跨境河流是指流经或形成两个或多个国家边界的河流。全球的 310 条跨境河流(2019 年统计)覆盖了 150 多个国家,影响全球超过 40%的人口和陆地面积,涉及全球近 60%的可利用水资源(McCracken et al., 2019)。中国跨境河流众多,跨境河流的年径流量占全国径流总量的 40%。保障跨境河流水安全,对全球水安全和中国水安全均具有重要意义。

与其他河流系统相比,跨境河流具有一定的特殊性。跨境河流不仅支撑了流域内人民的生活,还将流域内各经济部门与生态系统联系成有机整体,使各流域国的社会、经济、环境和政治相互依存。然而,跨境河流涉及各个国家的主权,在缺乏统一监督、管理和制约的条件下跨境流域各国更有可能出现过度开发的"公地悲剧"。实际上,跨境流域各国对共享水资源的需求及其优先次序不同,对水资源的开发进程不同,各国水治理模式和水文化也不同,使跨境水资源的问题比非跨境水资源更加错综复杂,更易发生各种形式的冲突,形成冲突与合作交错发展的复杂局面。随着气候变化和社会发展带来的可用水资源量减少和需求增加(其中包括能源、粮食等对水资源的需求),跨境河流的水合作面临更大挑战。跨境水冲突与合作的研究具有重要的理论价值和现实意义,具体分以下 3 个方面进行阐述。

1.1.1 跨境水冲突与合作事关流域可持续发展

跨境水系统通常有冲突与合作动态变化的特征（United Nations，2019a），其冲突与合作状况对流域内水资源的可持续利用有重大影响，进而影响到流域内社会经济的可持续发展，因而是联合国制定全球可持续发展目标时的重要考量因素。联合国特别强调多层次的水资源综合管理要通过跨境合作来实现［可持续发展目标 6（sustainable development goal 6, SDG 6）］，较高的合作水平可以为跨境水资源综合管理提供稳定的实施环境。联合国《2030 年可持续发展议程》明确将跨境流域被有效水合作制度覆盖的情况（指标 6.5.2）作为水资源综合管理目标（SDG 6.5）的监测指标（United Nations，2019b）。指标 6.5.2 中提到的"有效跨境水合作制度"指的是：流域国家之间的双边或多边条约、公约、协定或其他正式制度；存在一个联合机构为跨境水管理提供合作框架，保证流域国家之间定期和正式的沟通，制定联合或协调的管理计划与目标，以及定期交换数据和信息等。

实际上，指标 6.5.2 的全球监测结果表明，有效跨境水合作制度往往是缺失的。在数据可用的 62 个国家中，只有 59% 的跨境流域面积（以 62 个国家的跨境流域面积总和为基数）实施了有效水合作制度，只有 17 个国家的所有跨境流域都被有效水合作制度所覆盖，还有 12 个国家没有任何针对跨境水系统的有效水合作制度（United Nations，2019a）。在现有有效水合作制度覆盖的跨境流域，合作的范围和强度也差别巨大，这是由跨境流域特定的历史、法律和政治环境所决定的。

由于水资源的跨境属性，签署全部流域国认可的水协定本身存在各种困难。从全球范围来看，较低的跨境水资源综合管理水平阻碍着 SDG 涉水目标的实现。以目前的发展速度——平均每年签订三份跨境水协定，SDG 6.5 将无法在 2030 年达成（United Nations，2019a），即保证所有跨境流域必须拥有至少一项有效水合作制度。因此，亟须加强跨境水冲突与合作的相关研究，为有效实施跨境水合作提供更多可行的制度和机制选项。

1.1.2 跨境水冲突与合作影响区域安全与稳定

跨境水资源的开发会对各个流域国造成不同形式的影响，而上下游国家之间的影响从本质上讲是双向的：上游对跨境河流的开发会直接影响下游的径流，从而影响下游国家对水资源的控制权甚至影响下游国家的水安全与国家安全；同时，上游山区的自然条件往往劣于下游的冲积平原，其社会经济发展水平往往落后于下游，下游国家对跨境水资源的先期开发，会挤压上游国家未来发展的空间（Salman，2010）。在上下游国家施加影响与被影响的频繁互动中，跨境水冲突与合作动态变化既是区域安全与稳定状态的反映，同时也反过来影响区域安全与稳定。

中亚水资源危机、埃塞俄比亚复兴大坝的建设、约旦河水冲突等都是跨境水系统和区域安全与稳定密切相关的典型案例。

中亚各国在苏联时期跨境水合作机制运行顺畅，在夏季位于上游吉尔吉斯斯坦、塔吉克斯坦的水库放水满足下游哈萨克斯坦、土库曼斯坦、乌兹别克斯坦的灌溉需求；上游地区水库在冬季蓄水，下游地区为其免费提供化石能源。苏联解体后，受所有化等经济体制改革影响，下游国家在冬季不再免费为上游国家提供能源，上游国家在夏季的水库调度也不再为下游国家的灌溉需求考虑，而是蓄水满足本国冬季电力需求（O'Hara，2000）；上下游国家间没有有效的水资源分配协议，使咸海流域水资源呈现出公共资源利用中的"公地悲剧"现象（Hardin，2009），生态环境严重恶化，威胁了区域安全与稳定。尼罗河是沿岸国家社会经济发展的生命线，下游的埃及、苏丹和埃塞俄比亚之间的用水冲突尤为严重。2011 年埃塞俄比亚开始了复兴大坝的建设，引起下游埃及和苏丹极度担忧与反对，埃及甚至考虑要"炸毁大坝"，严重威胁区域安全与稳定（Guo et al.，2016；Tawfik，2015）。经过长期磋商与时局变化，2015 年三国接连签署合作协议，就复兴大坝问题达成初步共识，并签署了原则宣言，推动了地区的安全与稳定（Gebreluel，2014）。约旦河是巴勒斯坦地区最主要的水源，长期以来，水资源的争夺与阿以民族矛盾互相交织，严重威胁区域安全与稳定（Zeitoun，2008）。以色列建国后，阿以军事冲突不断，对水资源的控制和占有也是战争的目的之一（Tessler，2009）。1964 年，叙利亚开始在约旦河的几条支流上修筑水坝。以色列人随即发现，他们能够使用的约旦河水量减少了近 40%。以色列战机在 1967 年摧毁了这些水坝，两个月后，第三次中东战争爆发，以色列占领了约旦河源头的戈兰高地（Frohlich，2012）。

此外，其他地区存在的一些剧烈冲突，如土耳其与伊拉克关于伊利苏大坝建设的冲突（Jongerden，2010）、也门战争（Weiss，2015）和苏丹的达尔富尔地区冲突（Bromwich，2015），都直接或间接地与跨境水资源冲突有关，这种情势的发展都是对区域安全与稳定的重大威胁。

1.1.3　跨境水管理是域内外国家外交的重要内容

跨境水管理往往兼顾界河、防洪、航运、灌溉、旅游等多重任务，还是国家领土与主权不可分割的部分，被流域国家视为国家安全的重要组成部分。流域内强权国家对水资源的控制往往被其他域内国家视作威胁，从而引发流域国家对跨境水资源控制权的争夺。因此，跨境水管理对国家的水资源开发战略十分重要。总体来说，由于一个国家对跨境水系统的开发利用不可避免地涉及与流域内其他国家之间的关系，同时跨境水的冲突与合作往往牵涉到流域国家间更广泛的社会经济联系，因此跨境水管理是流域国家外交工作的一个重要内容。另一方面，由于全球霸权、跨国投资、殖民历史等因素，跨境水管理往往还牵涉到域外国家，成为大国博弈的舞台（Mirumachi，2015）。因此，由于有效合作制度的缺失或域外力量的干涉，不同流域国对跨境水资源需求的冲突常常无法协调，处理不当易引发国际纠纷，影响一个国家的外交大局。

以澜沧江-湄公河流域为例，中国作为流域国之一，将推动流域合作作为周边外交的重要内容，于 2014 年倡议成立了流域内第一个覆盖所有流域国的合作平台——澜沧江-湄公河合作机制（中华人民共和国外交部，2020）。中国务实的外交政策和与东南亚国家联盟（Association of Southeast Asian Nations，ASEAN）的紧密联系为促进湄公河地区的经济联系和政治互信作出了贡献（Yoshimatsu，2015）。同时，该流域也是域外国家全球外交的重点所在。美国为制衡中国在湄公河区域的影响力，于 2020 年 9 月宣布启动湄公河-美国伙伴关系，将向该流域投资 1.5 亿美元，联合日本、澳大利亚、韩国、印度，加强与湄公河流域国家的联系（U.S.，2020）。其他域外国家，如法国与日本曾在湄公河流域进行过殖民活动（Osborne，2000），近些年也积极加大与湄公河流域国家的联系，希望寻求更多的国家利益。综上所述，更加科学全面地研究跨境水冲突与合作，可以为流域可持续发展提供参考，也可以为维护区域安全与稳定、国家开展周边外交提供政策建议。

1.2　跨境河流水冲突与合作的分析框架

跨境水系统是人水耦合反馈强烈的复杂动态系统，这里既有人类社会通过水利工程建设等影响水量、泥沙、水质及其季节性等水文特性的一面，又有水文特性的改变影响生态环境进而反馈影响到人类用水行为的一面。在不同流域国复杂的人水互动过程中产生的跨境水冲突与合作是跨境流域这一社会水文系统的重要状态变量，该变量受各种自然因子和社会因子的影响而不断演变。因此，可以将跨境水冲突与合作视为一个动态系统，遵循数学对动态系统的一般性抽象描述，可采用如下描述状态量随着时间发生演化的微分方程（Meiss，2007）。

$$\frac{\mathrm{d}y}{\mathrm{d}t} = f(y, x, t) \qquad (1.1)$$

式中：y 为跨境水冲突与合作的状态，表示水冲突与合作的不同程度、级别等；x 为影响跨境水冲突与合作状态的驱动因素，可以分为自然驱动因子和社会驱动因子两类；t 为时间；f 为描述各种驱动因素作用下跨境水冲突与合作状态变化规律的本构关系。

已有跨境水冲突与合作的研究可以归纳为两种研究范式："自上而下"的演绎法和"自下而上"的归纳法。其中演绎法研究预先假定了跨境水冲突与合作的驱动因素、作用机制，以及系统的动态演化规律，再用现实案例对分析结果进行验证；归纳法则不先入为主地预设任何理论，而从冲突与合作的大量事实出发对冲突与合作进行量化并揭示其演化规律和驱动机制等。

1.2.1　跨境河流水冲突与合作的演绎法研究

演绎法的研究成果比较多，研究问题包括了方程（1.1）中 3 类要素。第一类是对跨境水冲突与合作状态定义与量化的研究，即理解、定义并量化 y；第二类是对冲突与合作驱动因素及其驱动机制的研究，即 x 具体含有哪些因素，又是怎样影响整个系统的运行和反馈的；第三类是对冲突与合作动态演化与规律的研究，即建立不同的模型来表示方程中的 f 函数。简要概括如下。

一是对跨境水冲突与合作状态的定义与量化，即对 y 的研究。人们对于跨境水冲突与合作状态的认识经历了两极化到连续体的变化。起初人们认为冲突或合作是非此即彼的（Sadoff et al.，2002），后来则提出了冲突与合作状态连续体的定义（Sadoff et al.，2005），认为在极端冲突与完全合作之间存在一系列的过渡状态，这是我们在冲突与合作状态认识方面的重要进步。在此基础上，为了能够量化研究跨境水冲突与合作，研究者把冲突与合作按照一定强度等级标准进行评分（Wolf et al.，2003a）。更进一步，研究者揭示了冲突与合作的辩证特性，即冲突与合作在同一水事件中是同时存在的，是矛盾的不同方面，在适当的条件下可以相互转化，因此有研究者将跨境水冲突与合作用二维矩阵进行刻画，并且描绘出随着时局的发展，水事件在冲突-合作二维矩阵上的演化轨迹（Zeitoun et al.，2008），更加直观地反映跨境水事件所蕴含的冲突与合作双重属性并存的事实。

二是对跨境水冲突与合作驱动因素与机制的研究，即对 x 的研究。人们对于跨境水冲突与合作驱动因素的探讨，涉及自然因子和社会因子两大类：自然因子中水文系统的属性尤其是水资源量的多少（Dinar，2009）是影响跨境水冲突与合作的基础性物理因素；社会因子中社会机构能力（Wolf et al.，2003b）是跨境流域内组织机构应对变化的能力，可以是促进跨境流域内合作的助燃素，也可以是消弭跨境流域内冲突的缓冲剂。在对 x 的探讨中，有些驱动因素是可以量化的显性利益，如可以折算成货币的经济驱动因素；还有一些驱动因素是不太容易量化的隐性利益，如国家荣誉等政治性驱动因素，以及生态考量等驱动因素。

三是对跨境水冲突与合作动态演化与规律的研究，即对 f 的研究。通过模型模拟研究 $f(y,x,t)$ 应该有怎样的作用机制，探讨在已经对影响跨境水冲突与合作状态的驱动因素 x 有一定认知的基础上，整个动态系统是怎样演变的。因为跨境水系统是复杂系统，人们不可能给出一个完美通用的方程来描述其动态演化规律（Choudhury et al.，2018），所有这一类型研究都是利用已有知识尽可能全面地描述系统的动态变化规律，期望与现实的跨境流域水冲突与合作的动态演化较好地拟合，用于解释历史规律并预测未来趋势。

1.2.2　跨境河流水冲突与合作的归纳法研究

归纳法研究是从历史事实中发现事物发展变化的规律,从而升华为新的理论。在跨境水冲突与合作的归纳法研究过程中,研究者构建了跨境水冲突与合作数据库并通过对数据的分析得出新的认识。归纳法研究与演绎法研究关注的问题相同,都是为了更好地理解式(1.1)的各个要素。归纳法研究的优势在于可以通过数据分析,揭示人们先前对于跨境水冲突与合作认知的不足或者偏差,形成不依赖于先验知识的新认识。例如,Wolf 等建立的跨界淡水争端数据库,基于历史统计结果揭示了极端水冲突事件发生的比例远低于预想的事实(Zeitoun et al.,2008;TFDD,2008)。在大数据时代,人类拥有了处理海量数据的能力,归纳法研究也更加显示出其发展潜力。

自上而下式"理论指导实践"的演绎法研究与自下而上式"在实践中发现理论"的归纳法研究属于两种不同的研究范式,在跨境水冲突与合作的研究中同等重要,相辅相成,互相推动。更加科学的理论有助于更准确地把握问题本质,也有助于更深刻地解读数据;多维度的数据挖掘,有助于形成基于数据的知识发现,从而推动新理论的产生。

1.3　跨境河流水冲突与合作的研究进展

1.2 节基于跨境水冲突与合作的分析框架对演绎法与归纳法两种研究范式进行了系统梳理,本节对相关的研究进展进行较为详细的评述,并基于已有进展进行展望。

1.3.1　跨境水冲突与合作状态定义与量化

之前研究者曾把跨境水冲突与合作置于坐标轴的两个极端,形成了对冲突与合作状态的两极化定义(Sadoff et al.,2002;Zeitoun et al.,2008)。然而研究者Sadoff 等(2005)提出冲突与合作的状态应该是一个连续体,在极端冲突与完全合作之间连续变化,这种连续体定义更加真实地反映了冲突与合作动态变化的事实。

为了更好地量化冲突与合作的状态,便于进行统计与计算,冲突与合作的连续体被离散化分级定义,如图 1.1 所示。欧盟委员会冲突预防网络(conflict prevention network of European Commission)将冲突与合作状态分为稳定和平、不稳定和平、高度紧张与公开冲突 4 个等级;Lund(1996)将"持久和平"到"战争"状态按照不同强度分了 5 个等级,并指出状态发展曲线随着时间与程度变化时宜采取的政策导向,此定义一直被美国和平研究所(United States Institute of

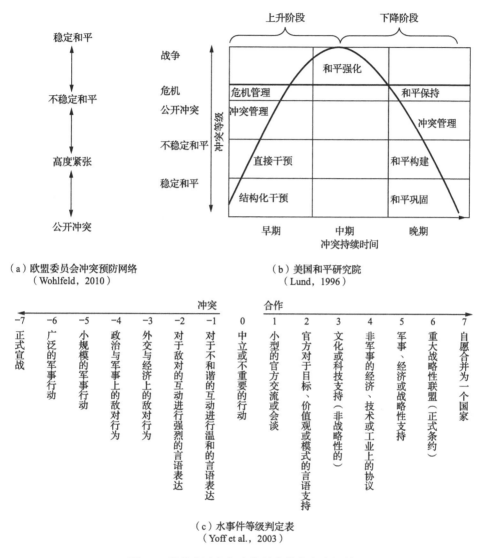

（a）欧盟委员会冲突预防网络
（Wohlfeld，2010）

（b）美国和平研究院
（Lund，1996）

（c）水事件等级判定表
（Yoff et al.，2003）

图 1.1　跨境水冲突与合作的离散化定义汇总

Peace）的教材采用；Yoffe 等（2003）将冲突与合作的连续体分了 15 个等级，对每个等级进行了概念化定义，并且根据事件的强度进行了从-7～7 的赋值。

Zeitoun 等（2008）的研究认为冲突与合作在大量的现实情况下是共存的，提出了跨境水冲突与合作的矩阵化定义——跨境水互馈耦联（transboundary waters interaction nexus，TWINS），提供了一种同时考虑冲突与合作的可行方法。TWINS 揭示了冲突与合作共存的事实，低等级的冲突可能会推动跨境流域问题的解决；也揭示了水互动中的合作可以有不同侧面，合作同样可以隐藏、促进冲突，过于激进的合作甚至会加深冲突。决策者如果不加以注意，很容易忽略其中的细微差别，从而导致不完全的分析和无效的政策。

1.3.2　跨境水冲突与合作驱动因素与机制

影响跨境水冲突与合作的主要驱动因素包括自然和社会两个方面。其中，气候地理等自然条件是影响跨境水冲突与合作的重要驱动因素。美国学者 Dinar（2009）认为资源的短缺性是导致跨境水冲突的驱动因素，而且合作水平与短缺性的关系符合倒 U 形曲线，即在水资源极其匮乏的一端，跨境水系统处于零和博弈状态，任何合作均难以达成；而在水资源极其丰富的另一端，跨境水系统没有必要进行任何合作行为；只有在水资源既不过度短缺也不过于丰富的中间状态，跨境水系统的合作才是必要且可能的。如果以水资源的短缺性作为横坐标，跨境水合作水平作为纵坐标，则跨境水合作水平与水短缺性的关系就表现为一条倒置的 U 形曲线。这里的资源短缺不仅仅指水量匮乏，还有水量分配不科学、水质不达标、无法满足水电与防洪的要求，以及其他环境与能源要素短缺等；而且水短缺性与合作水平的关系也从最初物理上的"狭义水短缺"演变为把水资源管理机构的短缺性也包含在内的"广义水短缺"（Zeitoun et al.，2008；Dinar，2009）。Dinar（2009）提出水资源合作会在短缺程度中等情况下最为繁盛，他还认为特别因素的短缺会导致针对这一要素的谈判和协约，因此短缺性不仅会导致国际冲突，还可能引导合作。实际上，在广义水短缺的定义下，流域会至少处于一种类型短缺的倒 U 曲线的合作区间之内，例如水量丰沛的跨境河流可能有谋求水电及防洪合作的需求。

此外，跨境水冲突的发生与流域制度能力联系密切。Wolf 等（2003b）提出了"制度能力"重要性的假设，流域中发生冲突是因为流域中发生变化的速度超出了流域中水管理制度消弭变化的能力。为评估跨境流域制度的有效性，研究者对制度有效性的内涵开展研究（Berardo et al.，2012），认为跨境流域制度需要从推动签订国际条约的能力和实现与合作管理相关的设计要素两方面去考量其有效性与表现好坏。现实情况与理论研究一致，制度能力水平对跨境水冲突的影响在全球跨境流域管理实践中表现得非常明显。研究表明（Rüttinger et al.，2015），全球冲突热点地区（土耳其与伊拉克，塔吉克斯坦与乌兹别克斯坦，埃塞俄比亚、苏丹与埃及），均是冲突事件多且较严重的流域，也是冲突解决恢复性机制缺失的地方。相比较而言，制度能力水平较高的流域，如多瑙河流域，大量冲突事件还处于轻微水平时就已经被良好的合作推动因素消弭，这种合作推动因素根植在地区融合的进程当中（Pohl，2014）。

除制度能力外，社会驱动因子还包括社会动机（社会价值导向）与强权政治。影响跨境水冲突与合作的社会动机可能来自于以下方面（Balliet，2009）：①个人主义，使自己利益相对最大化的动机；②竞争，使自己的利益超过他人利益的动机；③合作，使整体利益最大化的动机；④利他主义，使他人利益最大化的动机。至于影响跨境水冲突与合作的强权政治，学者们从政治科学的角度提供了理论探讨，例如国家权力关系与跨境合作如何影响跨境水管理水平（Song et al.，2004），现实主义者把合作视为强权政治的延伸（Waltz，1979）。这些学者认为合作只可能在某一流域国足够强大的情况下发生，即当强国可以把自己的合作意愿强加给弱国时。类似的观点认为条约是常规外交行为关注到国家力量权衡时的延伸或工具。"水治理"的研究学者（Zawahri et al.，2011）认为通过系统地分析影响跨境水条约签署的驱动因素是研究水冲突与合作驱动因素很好的方法，他通过文献调研对双边和多边流域水条约的签署进行对比，提出国家利益、交易成本和条约红利的分配是推动跨境水条约形成的重要社会驱动因素。然而，有学者（Williams，2020）指出跨境水治理领域的政策工具往往落后于时代，难以应对政治、社会和环境领域的变化带来的挑战。这些跨境水治理工具可能由于未考虑地缘政治这一重要的社会驱动因素，也未切实考虑当代社会对水资源的需求，从而不能真正有效。

尽管有大量的理论研究是基于个人或者群体的试验和实例研究提出的，但由于对跨境水系统的现实情况缺乏深入的了解，对这些社会因素难以量化，无法在跨境水系统的变化与管理决策的变化之间建立动态反馈，因此定量地描述和解释驱动跨境水冲突与合作的社会因素还没有实现。

1.3.3　跨境水冲突与合作演化动态与规律

模型是研究跨境水冲突与合作演化规律的重要工具。已有研究通过构建水文经济模型、"水-能-粮食"耦联模型、博弈模型、社会水文模型等，定量刻画包括水利益等在内的跨境水冲突与合作的变量，理解和模拟水冲突与合作的动态演化规律。

水文经济模型和"水-能-粮食"耦联模型基于优化的方法，重点关注水利益的量化及不同利益的协同和竞争关系。在澜沧江-湄公河流域，学者们针对发电、灌溉等若干关键问题开展了模型研究。Burbano 等（2020）重点研究了澜沧江-湄公河流域上游发电对下游渔业的影响。Do 等（2020）基于模型优化，模拟了澜沧江-湄公河发电、灌溉和生态的互馈关系，认为上游发电与生态呈明显的竞争关系，而与下游的灌溉效益则呈现一定程度的协同关系。Wheeler 等（2018）基于模型方法，研究了埃塞俄比亚的复兴大坝兴建后的青尼罗河流域合作问题。Arjoon 等（2016）基于水文经济模型，分析了尼罗河的水量和效益分配，研究了效益分配中效率和公平的权衡关系。Basheer 等（2018）建立了尼罗河"水-能-粮食"模型，分析了不同合作情景下各流域国的经济收益。Tilmant 等（2020）在塞内加尔河流域构建了水文经济模型，分析了发电航运效益与灌溉渔业效益之间的竞争关系。

博弈模型在水利益量化的基础上，基于博弈论的方法研究水利益的分配问题。Yu 等（2019a）基于重复博弈的框架，提出了跨境流域的重复博弈模型框架，解释了澜沧江-湄公河流域合作机制的形成。Yu 等（2019b）构建了考虑发电、灌溉、渔业、生态效益的澜沧江-湄公河优化博弈模型，分析了不同水文条件和合作博弈规则下的利益分配结果。结果显示，干旱条件下的跨境河流合作可以获得更多的收益增长，且合作博弈具有长期稳定的特征。Li 等（2019）建立了耦合水文、水库优化调度、合作博弈模块的模型，分析了澜沧江-湄公河合作博弈下的各国收益。Just 等（1998）从博弈论的角度分析跨境水冲突与合作的驱动机制，尝试从利益分配角度理解流域国家的冲突与合作行为，把经济外部性考虑进决策体系中。Madani（2010）的研究回顾了一系列非合作水资源博弈在水资源管理和冲突化解中的适用性，并且说明了水资源问题的动态结构，并通过研究此类问题揭示了水资源博弈演化路径的重要性。Müller 等（2017）用博弈论探讨了跨境地下水含水层的合作，认为共享地下水含水层的国家若能科学合理地利用地下水，则可以避免在共享资源利用中常出现的"公地悲剧"现象，为避免和解决跨境地下水含水层利用的潜在争端提供了借鉴。Dombrowsky（2007）把互惠互利作为促进合作的驱动因素，包括利益分配、不确定性减少以及经济发展规划等，这些驱动因素可能推动更广泛的合作，而不仅是关注自身利益和策略的合作。随着研究的深入，跨境水冲突与合作的博弈模型种类繁多，可总结为如下几类：合作博弈重点关注不同国家间的利益分配（钟勇，2016；Yu，2019b；Li et al.，2019）；动态博弈及其中的重复博弈重点关注各国多次进行博弈，而非单次的静态博弈（Yu，2019b）；演化博弈则重点关注国家在博弈过程中行为偏好等发生的变化。博弈论模拟跨境水系统问题时是以每个流域国最大化自己的利益为目标，与传统的系统科学考虑全局最优化相比更贴近现实情况。社会水文模型重点研究耦合人水系统的动态和协同进化（Sivapalan et al.，2012），将人类的用水行为等要素视为系统的内生变量，即人类用水一方面显著影响水文系统，另一方面受水文因素影响而做出调整（Liu et al.，2014；Tian et al.，2019）。从耦合演化的角度开展研究，能够理解和模拟人水系统中的"涌现行为"，例如灌溉区农业用水先增加后减少的"钟摆现象"（Kandasamy，2014）、节水灌溉越节水越缺水的"灌溉效率悖论现象"（Liu et al.，2014）等。在跨境河流流域，主权国家拥有各自的开发进程，在自然、经济、政治外交等要素（Di Baldassarre et al.，2013）和上下游互动关系的共同作用下，跨境河流人水系统的耦合演化可以采用社会水文模型开展研究。如芦由（2021）提出了跨境河流社会水文理论框架和模型框架，用于定性分析尼罗河、哥伦比亚河等跨境河流冲突与合作的动态演化。此外，Tian 等（2019）还在咸海流域构建了取用水合作的跨境河流社会水文模型，揭示了在水资源量丰枯周期交替的过程中，跨境流域内制度要素无法在 10 年尺度内及时转变，导致取用水快速增加，出现"公地悲剧"和生态系统的恶化。

1.3.4 跨境水冲突与合作数据库构建及其应用

从归纳法的角度对跨境水冲突与合作开展实证研究，对揭示水冲突与合作的演化规律和驱动机制十分重要。其中，构建跨境水冲突与合作的数据库是实证研究的重要基础。跨界淡水争端数据库（transboundary freshwater dispute database，TFDD）由美国俄勒冈州立大学开发（Wolf，1999），包含国际水事件、跨境水系统空间分布、国际水条约、国际流域组织、区域水管理基准工程、美国州级水契约、美国几大流域的研究数据集合等子数据库。TFDD 记录了 1948～2008 年的 6400 多起跨境水事件，去掉数据库中重复记录后有 3813 起，它们来自各种新闻文章。TFDD 根据水事件发生时间及地区进行编码，对水事件强度等级评分，且提供事件详细信息摘要（TFDD，2008）。图 1.2 展示了 1948～2008 年 3813 起跨境水事件按冲突与合作事件等级的分布状况，从中可以看出全球范围内完全合作和极端冲突的例子都非常少，大量的水冲突事件都是比较轻微的，而水合作的程度也有待进一步增强。

TFDD 结合水事件的空间分布，并通过冲突与合作的精确定义全面考虑了各种程度的国际水互动，旨在确定国际水冲突与合作的历史指标，从中建立框架以识别和评估面临水冲突潜在风险的跨境流域。TFDD 通过对水资源与冲突之间的关系进行全球范围内定量的探索，填补了水资源与国际冲突全球事件数据库研究的空白。

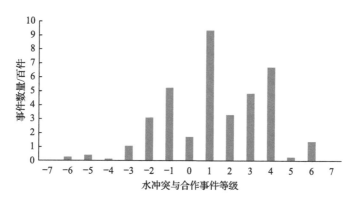

图 1.2 不同等级水冲突与合作事件数量分布（基于 TFDD 绘制）

1.3.5 跨境水冲突与合作研究展望

综上所述，已有研究在跨境水冲突与合作状态定义与量化、驱动因素与机制、演化动态与规律、数据库构建及其应用等 4 个方面取得了重要的研究进展。为了提升跨境水冲突与合作的预测能力从而增强对跨境水冲突的危机管理能力，分 5 个方面总结现有研究的不足并进行展望。

一是需要注重演绎法和归纳法的结合。现有研究在演绎法与归纳法这两种研究范式上比较割裂，然而两种研究范式应该相辅相成、彼此成就。更加科学的演绎法理论研究有助于更准确地把握问题本质，也有助于更深刻地解读数据；多维度的归纳法数据挖掘，则有助于形成基于数据的知识发现，从而推动新理论的产生。尤其是大数据时代的到来，使以前不容易记录下来的数据，现在得以通过各种信息网络留存，并可以通过计算机对海量数据完成获取、分析的过程（Lazer et al.，2009）。挖掘近些年跨境水事件与当地水事件之间关联的研究，需要更加翔实的数据作为支撑（Bernauer et al.，2020），数据科学的进步使这项工作成为可能。此工作应摒弃传统的人工判读方法，而尽可能开发高效、准确的机器研究方法。因此，随着信息技术的进步，理论研究在新的数据方法的支持下进行迭代，演绎法与归纳法相结合的方法将使跨境水冲突与合作研究领域焕发新的生命力。

二是需要总结跨境水冲突与合作的全球规律。由于跨境水系统问题特异性很强，受研究流域地理位置、生态环境、经济发展水平、流域国力量对比等因素影响，以前的研究多是针对某一个流域进行，不足以形成一般化的规律性认识（Bernauer et al.，2020）。此外，旨在量化全球跨境水冲突与合作事件的代表性研究 TFDD，最新数据也只覆盖到 2008 年（TFDD，2008）。然而，近些年全球对水资源问题关注持续升温，人们对于全球是如何适应与响应持续增强的水资源压力的信息的需求变得十分急迫。因此，加强对跨境水冲突与合作一般规律的认知，建立完善的全球范围内跨境水冲突与合作数据库就显得尤为重要。对跨境水冲突与合作的研究应跳出对历史已发生水事件的记录与统计的局限，着眼于数据的挖掘与理论的深化，形成全球规律性认识，从全球经验总结中提升对跨境水冲突与合作的动态预测能力。

三是需要重点研究跨境水冲突与合作的演化机制。跨境水冲突与合作不是一成不变的，而是相辅相成的，在不同发展阶段还可以相互转化（Zeitoun et al.，2008）。之前针对跨境水冲突事件的研究，更多着眼于上升为武装暴力冲突的事件，然而鲜有证据表明跨境水资源问题是导致暴力冲突的首要因素（Bernauer et al.，2020）；过度关注上升为武装暴力冲突的事件，会忽略大量轻微事件存在且占比更大的事实（TFDD，2008）。轻微事件或许是一个愈演愈烈局势的萌芽阶段。因此，仅着眼于激烈冲突事件未能体现冲突与合作演变转化的过程，忽视了冲突与合作可能只是同一个问题的不同发展阶段，如果在合作向冲突转化的引爆点（Gladwell，2002）采取适时的政策干预，则可能会收获不同的结果。因此，需要深入理解跨境水冲突与合作的演化机制，从内在机制方面提升对跨境水冲突与合作的动态预测能力。

四是需要重视跨境水资源和非跨境水资源的内在联系。随着技术手段的进步，跨流域调水往往成为一个国家解决水资源短缺的重要手段，这就可能将跨境水资源和非跨境水资源紧密联系到一起。本地水资源的时空变化，常常是水短缺的决定性因素，其与全球水资源利益密切互动，会导致更加复杂的系统动态（Savenije，2000）。这就要求水资源管理的决策者更好地理解系统恢复力稳定性的阈值（Winder，2005），以及"黑天鹅"事件出现的可能性（Sivapalan et al.，2012），同时还要考虑系统多尺度的动态变化（Kumar，2011）。然而目前跨境水冲突与合作的研究多关注于跨境水事件本身，忽略了一个国家本地水事件与跨境水事件之间的联系（Bernauer et al.，2020）。因此，需要加强对跨境水资源与非跨境水资源内在联系的研究，从国内和国外两个方面提升对跨境水冲突与合作动态的预测能力。

五是需要研究社会经济发展和气候变化条件下的跨境水资源管理。在气候变化的大背景下，水文系统的稳定性已经不复存在，水资源管理面临着前所未有的挑战（Milly et al.，2008）。然而挑战往往与机遇共存，跨境水资源的利用从来不是也永远不应该是零和博弈，全流域范围的跨部门合作可以为跨境流域的利益共享开辟创新性的选择。在全球社会经济发展变化加快的背景下，机遇与挑战并存，跨境水系统所能产生的收益、针对跨境水系统所能开展的合作，以及如何转化跨境水资源利用的冲突，都需要重新审视与思考。此外，现有跨境水治理领域的政策工具往往落后于时代，难以应对政治、社会和环境领域的变化带来的挑战（Williams，2020），在某种程度上阻碍了跨境水系统的可持续发展。因此，需要在跨境水冲突与合作理论研究基础上，就跨境水资源管理如何应对当今社会的挑战开展深入研究，提出相应的全球治理方案。

1.4　全书结构

全书包括两部分，主要是作者近些年相关研究成果的总结。第一部分（第1~4章）介绍跨境河流及其水冲突与合作的基本情况，包括跨境河流的现状、水资源利用基本原则、水利益共享与冲突的典型案例、跨境河流水资源管理相关国际公约分析等内容，为读者提供理解跨境河流水冲突与合作相关研究的背景。其中，

第 2 章介绍全球和中国周边跨境河流基本情况。第 3 章选取全球典型跨境河流水冲突与合作的案例进行深入剖析，探讨案例的历史缘由、发展过程和现状。第 4 章分析各国对《国际水道非航行使用法公约》的投票行为，从地缘政治角度对习惯法中关于跨境河流水资源利用的基本原则进行分析。

　　第二部分（第 5～9 章）介绍跨境河流水冲突与合作的研究方法。第 5 章对新闻媒体大数据开展文本分析、情感分析和社会网络分析，研究全球和典型流域跨境河流水合作演化的现象和规律。第 6～8 章选取澜沧江-湄公河这一典型跨境河流，基于模型方法研究跨境河流水冲突与合作的演化规律和驱动机制。其中，第 6 章重点关注水电、灌溉等不同效益模块的竞争和协同关系，构建耦联关系模型，对澜沧江-湄公河流域的各类效益进行量化评估。第 7 章重点关注跨境河流系统中人水耦合关系和水合作的动态演化过程，构建社会水文模型，分析澜沧江-湄公河中长期水合作演化的规律机制。第 8 章重点关注跨境河流上下游效益分配，构建合作博弈模型，分析不同情景下的水利益分配。第 9 章从互惠理论角度探讨跨境河流水合作的必然性、可行性和实现路径。

第2章　全球和中国周边跨境河流基本情况

2.1 导　　言

为方便读者了解跨境河流的基本情况，2.2 节基于文献调研中的最新数据，梳理全球范围内跨境河流的基本信息，并介绍各个大洲主要的跨境河流。中国涉及的跨境河流数量较多，2.3 节整理中国与周边邻国共享的跨境河流信息，并重点介绍主要的跨境河流。其中，澜沧江-湄公河是一条流经中南半岛的重要跨境河流，近年来经历了水冲突与合作的动态演化，是本书重点研究的典型跨境河流案例，第 6~8 章针对澜沧江-湄公河开展模型研究。因此，2.4 节对澜沧江-湄公河的基本情况进行重点介绍。

2.2 全球跨境河流基本情况

由于国家边界的变化和数据精度的提高，自第二次世界大战以来，全球的跨境河流数目整体上呈现增长的趋势。根据 McCracken 等（2019）的最新统计，截至 2018 年，全球共有 310 条跨境河流，覆盖了全球 47.1%的陆地面积，涉及全球人口的 52%，水资源量约占全球可更新淡水总量的 60%。全球有 108 个国家 50%以上的陆地面积被跨境流域覆盖。

如图 2.1 所示，亚洲共有 66 条跨境河流，其主要的跨境河流包括澜沧江-湄公河、雅鲁藏布江-布拉马普特拉河与恒河、印度河、阿姆河、锡尔河、伊犁河、鄂毕河、黑龙江（俄语称"阿穆尔河"）、鸭绿江、图们江、幼发拉底河与底格里斯河、约旦河等。其中，澜沧江-湄公河是连接中国与中南半岛国家的纽带，流经中国、缅甸、老挝、泰国、柬埔寨、越南等 6 国，号称东方的多瑙河。锡尔河、阿姆河是中亚最重要的河流，也是吉尔吉斯斯坦、塔吉克斯坦、乌兹别克斯坦、土库曼斯坦、哈萨克斯坦等国最重要的生命水源，两个流域共同组成了咸海流域。

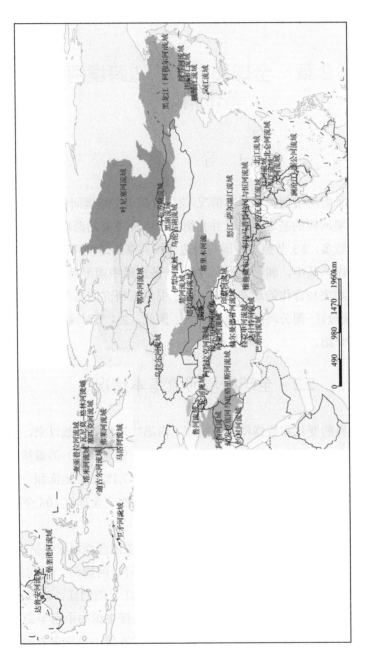

图 2.1　亚洲跨境河流图

如图 2.2 所示，欧洲共有 88 条跨境河流。其中，最主要的跨境河流是莱茵河和多瑙河，莱茵河流经 9 个国家，多瑙河流经 18 个国家。这两个流域跨境水资源务实合作开展得相对较早，域内国家签署多项重要条约，莱茵河保护国际委员会（International Commission for the Protection of the Rhine，ICPR）和多瑙河保护国际委员会（International Commission for the Protection of the Danube River，ICPDR）在跨境水污染防治、防洪、构建灾害预警体系、流域可持续发展等方面发挥了重要作用，两个流域成为跨境河流合作的典范。

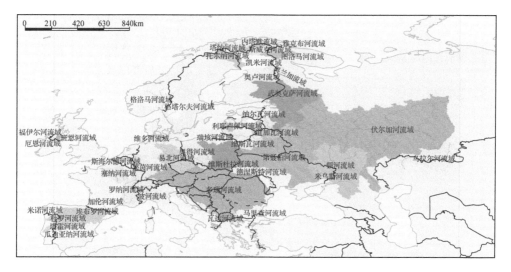

图 2.2　欧洲跨境河流图

如图 2.3 所示，非洲共有 68 条跨境河流。尼罗河是世界上最长的河流，流域范围包括布隆迪、刚果共和国、埃及、厄立特里亚、埃塞俄比亚、肯尼亚、卢旺达、苏丹、南苏丹、坦桑尼亚、乌干达等 11 国。其中，埃塞俄比亚在重要支流青尼罗河上游兴建复兴大坝开发水电资源，引起了下游苏丹和埃及的反对，尼罗河水资源冲突引起了世界的关注，具体情况将在 3.9 节进行详细介绍。此外，位于非洲中西部的刚果河是非洲第二长的河流，其流量大于尼罗河，流经安哥拉、布隆迪、喀麦隆、中非共和国、坦桑尼亚、刚果共和国、刚果民主共和国、加蓬、赞比亚、马拉维、卢旺达、苏丹、南苏丹、乌干达等 14 个国家。奥兰治河、赞比西河、林波波河等是位于非洲南部的重要跨境河流。

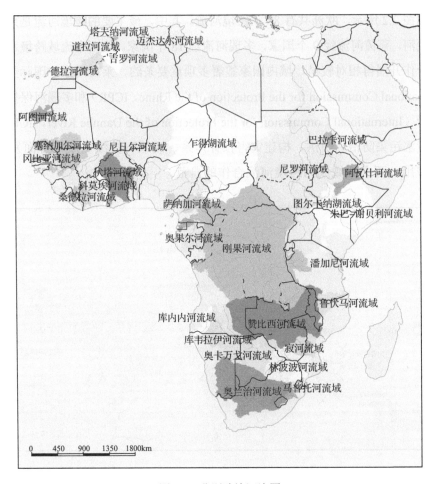

图 2.3　非洲跨境河流图

如图 2.4 所示，北美洲共有 49 条跨境河流。其中一部分河流为美国和邻国加拿大、墨西哥共享的跨境河流，一部分位于中美洲。美国与加拿大、墨西哥在共享的哥伦比亚河、圣劳伦斯河、科罗拉多河流域开展了密切合作。其中，美国与墨西哥在科罗拉多河经历了水冲突与合作的演化，具体情况在 3.7 节详细介绍。美国和加拿大在哥伦比亚河的水电开发与防洪合作堪称跨境河流合作的典范，两国通过成熟的补偿机制增大了美加双方的效益，具体情况在 3.4 节详细介绍。

如图 2.5 所示，南美洲共有 39 条跨境河流。其中，亚马孙河流域和拉普拉塔河流域是南美洲面积最大的两个流域。亚马孙河是世界上水量最大、生物多样性最丰富的流域，流经巴西、秘鲁、玻利维亚、厄瓜多尔、圭亚那、苏里南、委内瑞拉、哥伦比亚、法属圭亚那等 9 个国家和地区。拉普拉塔河是南美洲仅次于亚马孙河的第二大河，流经巴西、巴拉圭、阿根廷等国。其中，巴西与巴拉圭就

伊泰普水电站建设和运营达成了一系列重要协议，两国共同开发一段界河的水力资
源，为两国供应了大量能源，该流域的水冲突与合作情况在第 3.5 节详细介绍。

图 2.4　北美洲跨境河流图

图 2.5　南美洲跨境河流图

在五大洲中，欧洲的跨境河流数目最多，南美洲的跨境河流数目最少。表 2.1 展示了全球流域面积较大且较为重要的跨境河流。

从跨境流域涉及国家数目的角度来看，在全球 310 条跨境河流中有 232 条仅涉及 2 个流域国家，43 条涉及 3 个流域国家，19 条涉及 4 或 5 个流域国家，13 条涉及 6~10 个流域国家，仅有 3 个跨境流域涉及超过 10 个国家，即多瑙河、刚果河和尼罗河流域。

表 2.1　全球主要跨境河流及其流域国家

河流名称	位置	流域国家
澜沧江-湄公河	亚洲	中国、缅甸、老挝、泰国、柬埔寨、越南
印度河	亚洲	中国、印度、巴基斯坦、阿富汗
黑龙江	亚洲	蒙古、中国、俄罗斯
锡尔河	亚洲	吉尔吉斯斯坦、塔吉克斯坦、乌兹别克斯坦、哈萨克斯坦
阿姆河	亚洲	阿富汗、伊朗、塔吉克斯坦、吉尔吉斯斯坦、乌兹别克斯坦、土库曼斯坦
雅鲁藏布江-布拉马普特拉河与恒河	亚洲	中国、不丹、尼泊尔、印度、孟加拉国
幼发拉底河与底格里斯河	亚洲	伊朗、伊拉克、叙利亚、土耳其、约旦、沙特阿拉伯
莱茵河	欧洲	奥地利、比利时、法国、德国、意大利、瑞士、列支敦士登、卢森堡、荷兰
多瑙河	欧洲	德国、奥地利、捷克、斯洛伐克、匈牙利、克罗地亚、塞尔维亚、保加利亚、罗马尼亚、摩尔多瓦、乌克兰、阿尔巴尼亚、波黑、意大利、波兰、斯洛文尼亚、黑山、瑞士
尼罗河	非洲	布隆迪、刚果共和国、埃及、厄立特里亚、埃塞俄比亚、肯尼亚、卢旺达、苏丹、南苏丹、坦桑尼亚、乌干达
奥兰治河	非洲	莱索托、南非、纳米比亚、博茨瓦纳
哥伦比亚河	北美洲	美国、加拿大
科罗拉多河	北美洲	美国、墨西哥
亚马孙河	南美洲	巴西、秘鲁、玻利维亚、厄瓜多尔、圭亚那、苏里南、委内瑞拉、哥伦比亚、法属圭亚那
拉普拉塔河	南美洲	巴西、巴拉圭、乌拉圭、玻利维亚、阿根廷

2.3　中国跨境河流基本情况

中国是世界上跨境河流关系国最多的国家之一，与周边俄罗斯、蒙古、朝鲜、哈萨克斯坦、吉尔吉斯斯坦、塔吉克斯坦、巴基斯坦、印度、尼泊尔、不丹、缅甸、老挝、越南等 13 个接壤国和孟加拉国、泰国、柬埔寨等 3 个流域国有跨境河流的联系，如图 2.6 所示。中国主要跨境河流分为 12 个流域，包括澜沧江-湄公河、怒江-萨尔温江、独龙江-伊洛瓦底江、元江-红河、雅鲁藏布江-布拉马普特拉河与恒河、印度河、伊犁河、额尔齐斯河-鄂毕河、塔里木河、黑龙江、图们江、鸭绿江等，其主要涉及流域国见表2.2。

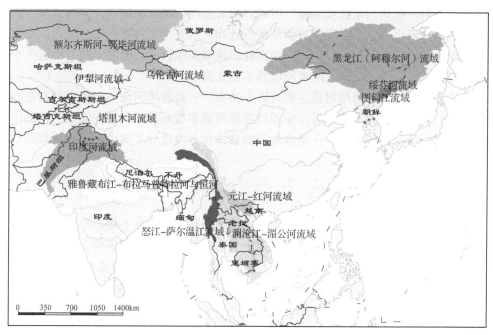

图 2.6　中国所涉跨境河流

表 2.2　中国所涉主要跨境河流基本情况

河流名称	位置	流域国家
澜沧江-湄公河	西南地区	中国、缅甸、老挝、泰国、柬埔寨、越南
怒江-萨尔温江	西南地区	中国、缅甸、泰国
独龙江-伊洛瓦底江	西南地区	中国、印度、缅甸
元江-红河	西南地区	中国、老挝、越南
雅鲁藏布江-布拉马普特拉河与恒河	西南地区	中国、不丹、尼泊尔、印度、孟加拉国
印度河	西南地区	中国、阿富汗、印度、尼泊尔、巴基斯坦
伊犁河	西北地区	中国、哈萨克斯坦、吉尔吉斯斯坦
额尔齐斯河-鄂毕河	西北地区	中国、哈萨克斯坦、蒙古、俄罗斯
塔里木河	西北地区	中国、阿富汗、哈萨克斯坦、吉尔吉斯斯坦、塔吉克斯坦
黑龙江	东北地区	中国、蒙古、俄罗斯、朝鲜
图们江	东北地区	中国、朝鲜、俄罗斯
鸭绿江	东北地区	中国、朝鲜

此外，根据 TFDD 的划分，涉及中国的跨境流域共有 19 个。除了上述 12 个

主要跨境流域外，还包括北江-西江、北仑河、咸海、阿拉湖、哈尔乌苏湖、布伦托海、绥芬河等 7 个流域。在传统观点中，珠江支流西江尽管有少部分流域面积位于越南但不被认为是跨境河流，中越界河北仑河流域面积较小，咸海流域涉及中国的面积较小，阿拉湖流域与伊犁河流域均可划分在巴尔喀什湖流域内，哈尔乌苏湖、布伦托海、绥芬河 3 条跨境河流的流域面积较小。因此本书未将这 7 个跨境流域列入中国所涉主要跨境流域基本信息表中。

总的来看，中国跨境河流主要有以下特点。一是跨境河流主要集中分布在西部地区。二是从河流流向来看，中国的跨境河流多数是从中国境内流出的，即中国多处于跨境河流的上游。三是水能资源技术可开发量分布集中，不同区域跨境河流开发任务差异较大。

2.3.1　中国西南地区跨境河流

在中国主要的跨境河流中，位于西南地区的跨境河流有 6 条。总体来看，西南地区跨境河流水能资源丰富，流量大，具备较好的综合开发条件，除发电支撑中国"西电东送"战略以外，还具有水运、防洪、灌溉、旅游等综合任务。其中，澜沧江-湄公河、怒江-萨尔温江、独龙江-伊洛瓦底江、雅鲁藏布江-布拉马普特拉河与恒河、印度河 5 条跨境河流均发源于青藏高原，高程落差大，水资源和水能资源较为丰富，从中国境内流出后，流向东南亚国家或南亚国家。

澜沧江-湄公河发源于青藏高原唐古拉山青海省杂多县，主源扎曲在西藏昌都汇入昂曲后始称澜沧江，干流自北向南流经西藏、云南后，于西双版纳州流出国境，出境后称湄公河，流经缅甸、老挝、泰国、柬埔寨，于越南胡志明市注入南海。澜沧江-湄公河干流全长 4880km，总落差 5060m，流域面积约 81 万 km²，年径流量 4750 亿 m³。澜沧江流域地势总体西北高东南低，由北向南呈条带状分布，地形起伏剧烈，以高山峡谷为主，地理条件复杂多变，干流全长约 2161km，天然落差约 4583m，平均比降为 2.12‰，中国境内流域面积 19.5 万 km²，出境处多年平均流量 2170m³/s，多年平均径流量 640 亿 m³。澜沧江全流域水能资源理论可装机量为 35891MW，年发电量 3144.04 亿 kW·h；技术可开发量装机容量 34840MW，年发电量 1690.33 亿 kW·h。出境后，湄公河先后作为中缅、老缅、老泰界河，中国境内澜沧江干流长度为 2130km，中缅界河 31km，老缅界河 234km，老泰界河 976km，老挝境内 789km，柬埔寨境内 490km，越南境内 230km。湄公河下游天然河道于越南分 9 条河入海，形成大片冲积平原，称为九龙江平原。据初步估算，湄公河流域水能理论可装机量为 5800 万 kW，可开发水能资源估计为 37000MW，年发电量为 1800 亿 kW·h。澜沧江-湄公河的详细情况在 2.4 节进一步介绍。

怒江发源于唐古拉山南麓西藏那曲安多县境内，自西北向东南流经西藏那曲、昌都、林芝地区进入云南,经怒江傈僳族自治州、大理白族自治州、保山市、临沧市、德宏傣族景颇族自治州等 5 个州市,在云南芒市流出国境,在缅甸称萨尔温江(又称丹伦江),经缅甸、泰国,在缅甸的毛淡棉附近注入印度洋的安达曼海。怒江-萨尔温江干流全长约 3200km,总落差约 5350m,流域面积 32.5 万 km²,多年平均径流量 2520 亿 m³。中国境内河长 2013km,落差约 4840m,流域面积约 13.6 万 km²,多年平均径流量 710 亿 m³。怒江流域理论可装机量为 3919.39 亿 kW·h;技术可开发量 32211.3MW,年发电量 1625.77 亿 kW·h。境内怒江干流段尚未建成大中型水电站。出境后,缅甸境内丹伦江流域理论可装机量为 3021.42 亿 kW·h;技术可开发量 17910MW,年发电量 895.40 亿 kW·h;经济可开发量 16720MW,年发电量 836.15 亿 kW·h,无已开发水电站。

独龙江-伊洛瓦底江发源于西藏察隅县境内伯舒拉岭山脉西南麓,河源高程约 4720m,西藏境内称吉太曲,云南境内称独龙江。独龙江在云南贡山县马库出境流入缅甸,称恩梅开江,与迈立开江汇合后称伊洛瓦底江,最后注入安达曼海。该水系在中国境内流域面积约 2.13 万 km²,其中干流流域面积 5764km²,河长 176.5km,天然落差约 3750m。独龙江流域水能资源理论可装机量为 675.86 亿 kW·h;技术可开发量 3650.2MW,年发电量 195.94 亿 kW·h。其中干流技术可开发量 1430.4MW,年发电量 71.66 亿 kW·h。缅甸境内,流域面积达 41 万 km²,干流全长 2714km,天然落差约 1200m,入海口多年平均径流量约为 4860 亿 m³。缅甸境内伊洛瓦底江上游分东、西两源。东源恩梅开江为伊洛瓦底江的主源,恩梅开江河段全长 327km,流域面积为 18132km²;西源迈立开江发源于缅甸北部山区靠近中国边境处,迈立开江河流全长约 375km,流域面积为 23372km²。缅甸境内伊洛瓦底江理论可装机量为 8042.27 亿 kW·h;技术可开发量 33110MW,年发电量 1655.65 亿 kW·h。

元江-红河发源于云南省大理白族自治州巍山县哀牢山东麓的茅草哨,自西北向东南流经多个县市,在河口县城流出国境进入越南,于红河三角洲注入北部湾,全长 1200km,落差 2580m,流域面积 15.7 万 km²,多年平均径流量达 1230 亿 m³。其中,中国境内流域面积 7.8 万 km²,越南境内流域面积 7.9 万 km²。元江干流开发条件较差,而越南境内红河流域水能资源较丰富,干流在越南安沛以上河谷狭窄,多急滩湍流,水能资源蕴藏量较大。据初步估算,红河干流理论可装机量约为 9099MW。

印度河发源于青藏高原西南部,其上游位于中国境内的主要两条支流为森格藏布和朗钦藏布。森格藏布,又名狮泉河,是阿里地区最大河流,自河源至国境河道全长 444km,流域面积 2.7 万 km²,流域平均海拔 4500m,天然落差 1668m。流出国境后进入克什米尔地区,称为印度河。朗钦藏布,又名象泉河,是阿里地区三大外流水系之一，河长 309km，流域面积 2.3 万 km²，天然落差 2400m。出境流入印度后，朗钦藏布成为印度河最大支流萨特累季河（Sutlej River，又译萨特莱杰河），在巴基斯坦境内同奇纳布河汇合成潘杰纳得河后注入印度河，是印度河上游的主要支流。印度河总流域面积为 103.4 万 km²（中国 5.3 万 km²，阿富汗 6.6 万 km²，印度 35.4 万 km²，巴基斯坦 56.1 万 km²），干流长约 2900km，平均年径流 2070 亿 m³。中国境内森格藏布流域水能理论可装机量为 13.57 万 kW，巴基斯坦境内印度河多年平均径流量约为 1690 亿 m³，流域水能可装机量约为 4000 万 kW；印度境内印度河流域多年平均径流量约为 733 亿 m³，水能可装机量约为 3384 万 kW。

雅鲁藏布江-布拉马普特拉河发源于喜马拉雅山北麓杰马央宗冰川，出境后进入印度，称为布拉马普特拉河，流入孟加拉国后称贾木纳河，在孟加拉国戈阿隆多市附近与恒河汇合后称博多河，后与梅克纳河汇合，最后注入印度洋孟加拉湾。该水系自源头至入海口全长 3162km，在我国境内的河长为 2057km，流域面积为 24.2 万 km²，年径流量 1395 亿 m³，流域平均海拔高程约为 4000m。根据自然条件、河谷形态，雅鲁藏布江可划分成上、中、下游三段。里孜以上为上游段，河流海拔 5590～4530m，河道长 268km。本段河谷宽阔，水流平缓，流域面积 26570km²，占总流域面积的 11%。里孜到米林市派镇为中游段，河流海拔 4530～2880m，河道长 1293km，流域面积 163950km²，占总流域面积的 68%。派镇以下至巴昔卡为下游段，河流海拔 2880～155m，河道长 496km，流域面积 49960km²，占总流域面积的 21%。布拉马普特拉河与恒河以及梅克纳河汇合后注入孟加拉湾，三河总流域面积约 175 万 km²，其中恒河 105 万 km²，布拉马普特拉河约为 62 万 km²，梅克纳河 8 万 km²。三河总的年径流量约 13098 亿 m³，其中布拉马普特拉河 6180 亿 m³，恒河 5500 亿 m³，梅克纳河 1418 亿 m³。

2.3.2　中国西北地区跨境河流

位于中国西北地区的主要的跨境河流共有 3 条，包括伊犁河、额尔齐斯河-鄂毕河和塔里木河。西北地区的 3 条主要跨境河流均发源于天山山脉。总体来看，西北地区的跨境流域地处内陆干旱区，水是支撑和制约经济发展、生态环境稳定的基础资源，水资源权益分配是该地区跨境河流的核心问题。中国于 2001 年 9 月与哈萨克斯坦共同签署了《中华人民共和国政府和哈萨克斯坦共和国政府关于利用和保护跨境河流的合作协定》，按照协定成立了中哈跨境河流联合委员会，对中哈两国边境形成或经过的地表水（包括额尔齐斯河和伊犁河）共同利用与保护。自联合委员会成立以来，中哈两国在水文、水安全、渔业、航运、林业及防洪等方面进行了广泛的合作。

伊犁河为亚洲中部内陆河，是跨越中国和哈萨克斯坦的跨境河流。伊犁河的主源特克斯河发源于天山汗腾格里峰北侧，向东流经新疆的昭苏盆地和特克斯谷地，又向北穿越伊什格力克山，与右岸支流巩乃斯河汇合后称伊犁河，向西流至霍尔果斯河进入哈萨克斯坦境内，流经峡谷、沙漠地区，注入中亚的巴尔喀什湖。从河源至入湖口，全长 1236km，流域面积 15.12 万 km²。伊犁河雅马渡水文站以上为上游，雅马渡水文站至哈萨克斯坦的伊犁村（卡普恰盖）为中游，伊犁村至巴尔喀什湖为下游。伊犁河干流在中国境内长约 442km，流域面积约 5.6 万 km²，扣除从哈萨克斯坦入境水量后年径流量 153 亿 m³，占新疆地表径流总量 19%。伊犁河流域干支流水能理论可装机量达 9057.4MW，占全疆水能理论可装机量的 23.7%。伊犁河干流在哈萨克斯坦境内长 794.5km，流域面积 5.67 万 km²，年径流量 198.2 亿 m³。

额尔齐斯河发源于阿尔泰山南麓，位于新疆最北部，干流流向由东向西，经哈萨克斯坦共和国境内转北，最后注入北冰洋，是我国唯一注入北冰洋的河流。额尔齐斯河从河源至北冰洋河口，全长 4248km，其中我国境内河段长度为 600km，天然落差 2570m，其最下游水文站以上国内流域面积 5.04 万 km²。额尔齐斯河流域水能资源丰富，境内水能理论可装机量为 4725.2MW，占全疆理论可装机量的 12.4%。

塔里木河位于塔里木盆地，其发源于天山山脉和昆仑山脉，是中国最大的内流河，主要支流包括和田河、叶尔羌河、喀什噶尔河和阿克苏河，其中只有和田河、叶尔羌河和阿克苏河仍与干流保持水力联系，加上利用扬水站向塔里木河下游供水的开都-孔雀河，和干流共同组成"四源一干"的格局。河流全长 2486km，从叶尔羌河、和田河和阿克苏河汇合口至尾闾湖泊——台特玛湖的干流河长 1321km。主要支流中，阿克苏河、喀什噶尔河和叶尔羌河为跨境河流。阿克苏河上游发源于吉尔吉斯斯坦，干流在中国境内全长 361.5km。山区河段上自入境处，下到两河汇合口的西大桥水电站引水枢纽，尾端在肖夹克处汇入塔里木河，目前是塔里木河最大的补给水源，多年平均向塔里木河下泄流量 34.4 亿 m³，占塔里木河径流量的 72%。阿克苏河流域面积 5 万 km²，其中国外面积 1.9 万 km²，国内面积 3.1 万 km²。喀什噶尔河流域包括克孜河、盖孜河、库山河、依格孜牙河、恰克马克河、布谷孜河 6 条河流。其中最大的一条为克孜河，发源于吉尔吉斯斯坦，河流全长 445.5km，在中国境内长 371.8km。喀什噶尔河流域 6 条河的山区集水面积为 4.4 万 km²，6 条河多年平均径流量共 45.92 亿 m³，其中有国外入境水量 6.18 亿 m³。叶尔羌河位于新疆的西南部，发源于克什米尔北部喀喇昆仑山脉的喀喇昆仑山口，河段全长 1190km，流域总面积 9.89 万 km²，其中国内面积为 9.37 万 km²。

2.3.3 中国东北地区跨境河流

位于中国东北地区的主要的跨境河流共有 3 条，包括黑龙江、图们江、鸭绿江。总体来看，东北地区跨境河流以界河为主，界河、界潮水域国境线较长，面临的主要任务是护岸工作和防止国土流失，也存在水利工程的防洪、水运、水利工程淹没补偿等问题。

黑龙江/阿穆尔河地跨中国、俄罗斯、蒙古 3 个国家，流域面积 184 万 km^2，其中中国境内面积 90 万 km^2，占流域总面积的 48.7%。在中国境内的部分为海拉尔河-额尔古纳河、黑龙江的右岸流域及乌苏里江左岸流域。额尔古纳河和黑龙江上中游为中俄界河。海拉尔河-额尔古纳河是黑龙江的南源，自额尔古纳河发源地至入海口，黑龙江全长达 4341km。黑龙江流域水能资源丰富，全流域理论可装机量为 456.12 亿 $kW·h$，其中干流河段 264.18 亿 $kW·h$。

图们江流域位于吉林省东南部，发源于长白山主峰东麓，为中朝两国界河，后注入日本海。干流全长 524.8km，中朝界河段 509.8km，后有 15km 为朝俄界河。图们江流域总面积为 3.3 万 km^2，其中中国境内流域面积为 2.2 万 km^2。图们江流域水能资源丰富，是吉林省水能资源开发重点流域之一。

鸭绿江干流是中国和朝鲜的界河，发源于长白山主峰南麓。总流域面积为 6.4 万 km^2，扣除朝鲜跨流域引水面积后为 5.9 万 km^2，中国境内为 3.2 万 km^2，河流全长 816km。

2.4　澜沧江-湄公河基本情况

2.4.1　流域自然概况

如图 2.7 所示，澜沧江-湄公河发源于中国青海省玉树藏族自治州，在云南省南部西双版纳傣族自治州流出中国。中国境内的河段称为澜沧江，流出中国国境进入东南亚的缅甸、老挝、泰国、柬埔寨和越南等 5 国后称为湄公河。澜沧江-湄公河是世界上第 10 长的大河，按水量排名为第 11 大河，是东南亚 7 大河流之一，流域人口约 6500 万，是非常重要的河流系统，被誉为"东方的多瑙河"。20 世纪 50 年代以来，澜沧江-湄公河流域的社会经济得到了快速发展。尤其在近 20 年，该区域成为全世界经济增速最快的地区之一。澜沧江-湄公河流域总面积 81.24 万 km^2，从河源至入海口全长约 4880km（侯时雨 等，2021），干流总落差约 5060m，河道平均比降 1.04‰，入海口多年平均径流量约 4700 亿 m^3。基于湄公河委员会报告（MRC，2005），澜沧江-湄公河流域各国流域面积、产流量及其占总径流量的比例如表 2.3 所示。

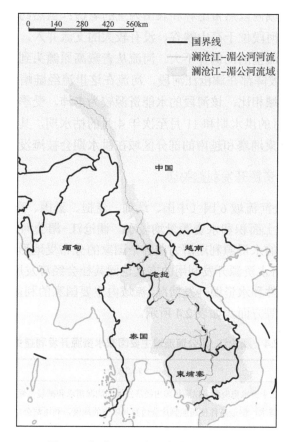

图 2.7 澜沧江-湄公河流域地理信息图

表 2.3 澜沧江-湄公河流域各国流域面积、产流量及其占总径流量的比例

项目	中国	缅甸	老挝	泰国	柬埔寨	越南	合计
流域面积/（万 km²）	16.5	2.4	20.2	18.4	15.5	6.5	79.5
产流占总径流量比例/%	16*	2	35	18	18	11	100
产流量/（亿 m³）	752	94	1645	846	846	517	4700

* 中国提供的官方数据为径流量占全流域的 13.5%。

中国境内澜沧江流域面积 16.5 万 km²、多年平均径流量约 640 亿 m³，分别占澜沧江-湄公河全流域面积的 24%、多年平均径流量的 13.5%。澜沧江中下游干流已建成梯级水库，其中小湾、糯扎渡两个水库具有多年调节能力，调节库容共 212 亿 m³，科学调度澜沧江梯级水库能发挥调丰补枯作用，在防洪、灌溉、航运等方面均能起到积极作用。

澜沧江-湄公河的主要径流补给来自于每年发生在下游东南亚国家的两次季

风降雨, 尤其是流域内以热带雨林和农田为主的老挝; 虽然约一半的河长位于中国境内, 但由于该河段位于高山峡谷, 没有较大的支流并入, 因此, 澜沧江的径流量占河流全年径流量的比例并不大。河流从青藏高原源头到入海口全程坡降为5244m, 大部分的坡降都在澜沧江河段, 河流在这里流经陡峭的高山峡谷, 与平缓广阔的湄公河流域相比, 该河段的水能资源较为丰沛。受季风影响, 流域全年可分为5月至10月的洪水期和11月至次年4月的枯水期, 其中洪水期径流量占全年的75%, 下游柬埔寨和越南的部分区域在洪水期会被淹没。

2.4.2　流域各方水资源开发利益关切

在澜沧江-湄公河流域6国(中国、缅甸、老挝、泰国、柬埔寨、越南)中, 缅甸在流域内的国土面积和水资源量均较小。澜沧江-湄公河流域拥有巨大的资源潜力, 各种类型的水资源利用潜力在各个国家的分布受地形条件和自然条件的约束, 而各沿岸国对水资源开发利用的方式也同其社会经济发展的需求密不可分。基于流域内自然条件和水资源开发情况, 流域内主要国家的利益关切集中在防洪、发电、灌溉、航运等方面, 如表2.4所示。

表2.4　澜沧江-湄公河流域主要国家水资源开发利益关切

国家	利益关切
中国	1) 开发澜沧江干流水电资源, 以满足国内经济发展的能源需求和减缓气候变化的碳中和目标需求; 2) 航运发展需求, 创造条件使通航到达金边及其以下的地区, 利用湄公河流域在资源分布和市场需求方面与中国的优势互补, 通航后有利于发展贸易和旅游业
老挝	1) 开发水电资源, 一方面取代国内一些城市昂贵的柴油发电, 更主要的目的是向泰国等国家售电, 带动农业、林业和工业的发展; 2) 打通澜沧江-湄公河国际航道和改善内陆交通; 3) 减轻万象平原等地区的洪涝灾害并提高灌溉能力, 巩固其国内已取得的粮食基本自给自足的成就, 提高居民生活水平
泰国	1) 取用湄公河及其支流水资源满足其东北部的灌溉和生活需水, 并解决汛期的排涝问题, 促进社会经济发展, 缩小该区与其内地的巨大差距; 2) 打通澜沧江-湄公河国际航运, 以促进(与中国的)边贸和旅游业发展
柬埔寨	1) 三角洲地区的灌溉; 2) 洞里萨湖的渔业生产; 3) 洞里萨湖的水量平衡与生态问题; 4) 开发水电资源
越南	1) 湄公河三角洲耕地上汛期的洪涝、酸性水侵害、枯季灌溉及咸水(海水)入侵等灾害的治理, 促进农业的丰产丰收; 2) 开发湄公河(主要是支流)的水能以满足其中部和南部的电力需求, 促进经济发展

澜沧江-湄公河流域在中国境内主要为高山峡谷地形,经济发展相对国内其他地区较为落后、人口密度小。水资源开发的目标首先为水力发电,帮助当地居民摆脱贫困,为西南、华南经济发展提供能源支撑;其次为航运,保障和提高干流通航能力,促进与下游国家的水运贸易;再次,合理发挥水库的调丰补枯作用,在一定程度上发挥防洪抗旱的作用。

老挝境内水资源充沛,在湄公河干流河段和支流具有较高的水能开发潜力,其灌溉面积较少,仅占湄公河流域总灌溉面积的 4%左右。老挝十分注重开发水电资源,将其视为经济发展的支柱产业,力推区域电力一体化战略,希望将电能售往泰国、越南、马来西亚、新加坡等国。因此,老挝的水资源的开发目标首要是水能,其次是在干流的航运。

泰国在湄公河流域内的土地可耕种面积大且缺水,主要分布在呵叻高原（约占湄公河流域总灌溉面积的 35%）,而其规划水电装机容量主要位于支流,占湄公河流域水电规划总量的 2.5%左右,因此,泰国水资源利用的主要目标是发展呵叻高原农业灌溉。此外,由于湄公河流域为海洋性季风气候,在老挝和泰国等区域常出现台风暴雨等气象水文灾害,因此老挝和泰国部分河段防洪压力较大。

柬埔寨灌溉面积约占湄公河流域灌溉面积的 12%,现状水电装机容量小,规划干流装机容量占全流域的 14%。湄公河在柬埔寨的重要作用在于为洞里萨湖提供洪水脉冲,该湖是亚洲最大的淡水渔业基地,对柬埔寨的肉食蛋白供应意义重大。因此,确保洞里萨湖的水资源平衡和农业灌溉是其水资源利用的两大目标。同时,由于缺少能源,柬埔寨也急需开发干支流水电资源。

越南所在的湄公河三角洲是其"粮仓",灌溉面积约占湄公河流域的 48%,其规划装机容量均位于支流,约占全流域规划装机容量的 9%。由于越南境内流域面积主要位于湄公河入海口,受咸潮入侵影响显著。因此,越南的水资源利用主要目标为农业灌溉、支流水电开发及防止咸潮入侵。作为最下游的国家,越南既有水资源开发的强烈需求,也对上游任何国家的开发给予高度关注。

2.4.3　流域水冲突与合作情况

作为一个在地缘政治上十分重要和敏感的区域,澜沧江-湄公河流域自第二次世界大战以来,在地缘关系、水文变化和社会经济发展的共同影响下,经历了跨境河流冲突与合作的变化。如图 2.8 所示,1957 年,在联合国亚洲及远东经济委员会的资助下,老挝、泰国、柬埔寨和越南 4 个国家成立了湄公河下游调查协调委员会（The Committee for Coordination of Investigations of the Lower Mekong Basin）。1957~1962 年,联合国等组织和国家开展了 3 次流域调查,并于 1970 年出台了《流域指导计划》,主要覆盖了水电开发、防洪和灌溉等领域。1975 年,下游各国签署了《下湄公河流域水域利用原则联合声明》（屠酥,2016）。

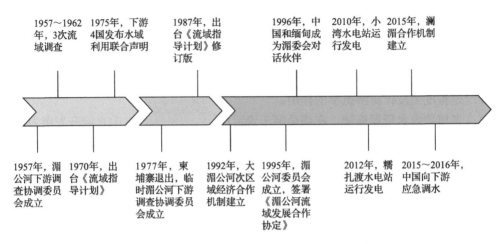

图 2.8　澜沧江-湄公河流域水合作关键事件时间轴图

　　然而，1977 年柬埔寨由于政治原因退出湄公河下游调查协调委员会，其他三国成立了临时湄公河下游调查协调委员会。虽然由于缺少柬埔寨的参与，流域合作面临更大困难，但临时委员会仍然坚持工作并发布了《流域指导计划》的修订版。在这一阶段，下游各国在国内进行了大量水资源开发，区域合作明显减少。1992 年，亚洲开发银行牵头建立了大湄公河次区域（The Greater Mekong Sub-region，GMS）经济合作机制，重点关注整个区域内交通、能源、农业、旅游、经济一体化等方面的合作。

　　1991 年柬埔寨表达重新加入流域组织的意愿后，下游四国经过多年谈判，于1995 年签署了《湄公河流域发展合作协定》，并成立了湄公河委员会（Mekong River Commission，MRC，简称湄委会），标志着流域合作进入新的阶段。该协定成为湄公河跨境河流合作重要的基础文件，包含了"合理公平利用""维持干流流量""预防和制止有害影响"等基本原则。1996 年，位于上游的中国和缅甸成为湄委会对话伙伴，中国签署协议从 2002 年开始向下游国家提供洪水期数据，并于 2020年开始提供全年水文数据。

　　20 世纪 90 年代以来，位于上游的中国在澜沧江干流开始建设和完工若干级的梯级水库，老挝在干流的水库也开始建设投产。除陆续建成的漫湾、大朝山、景洪、功果桥等水库外，2010 年，澜沧江干流规划库容第二大的小湾水电站所有机组投产发电。2012 年，澜沧江干流库容最大的糯扎渡水电站投产发电，并于2014 年完工。上游国家水库调度导致澜沧江-湄公河年内径流的季节性变化，增加了干旱期的径流，而降低了洪水期的洪峰值。径流的季节性变化在靠近上游的清盛站更加明显，而在下游柬埔寨的桔井站显著性有所降低。

　　澜沧江-湄公河径流的季节性变化对各种用水效益产生不同影响，包括下游湿地生态服务价值、洞里萨湖捕鱼量、灌溉农业效益等（Pokhrel et al.，2018）。面对上游水库调度及产生的影响，根据行为经济学中的展望理论，当用水效益偏离预期效益这一参考点时，下游国家会认为遭受"损失"，并相应地表达关切甚至反对。上游国家通过改变水库调度规则等方式满足下游需求，缓解下游负面情绪，促成区域合作。2015 年 11 月，澜沧江-湄公河流域 6 国确定水资源合作为澜湄合作的优先领域之一，澜湄合作机制正式建立。2016 年，湄公河区域出现严重旱情，应下游国家请求，中国克服了自身困难，启动澜沧江梯级水电站水量应急调度，加大向下游的输水，助力下游国家有效应对旱情。2016 年 3 月，澜湄合作领导人会议发布了《三亚宣言》，澜湄合作进程全面启动。

第3章 跨境河流水冲突与合作典型案例

3.1 导　　言

　　跨境河流水冲突与合作的演化受到自然因素、经济因素、政治外交因素等多种因素的共同影响。水文和生态系统的变化、社会经济的发展、政治外交关系的演变，都可能在跨境河流流域导致水冲突的产生。总体来看，跨境河流水冲突与合作的类型主要可以分为三大类。一是围绕水量分配的冲突与合作，具体是指流域国通过引调水等方式开发利用水资源会导致跨境河流水量发生变化，影响其他流域国的可用水量，引发一系列的博弈和谈判，继而引发冲突或者达成某种水量分配方面的合作。围绕水量分配产生的冲突与合作主要发生在水资源供需关系十分紧张的跨境河流，如印度河、约旦河等。二是围绕大坝和水电站建设的冲突与合作，具体是指流域国通过修建大坝和水电站等方式开发利用水能资源，引起跨境河流水资源的时间分布发生变化，可能影响其他流域国的水资源利用及与水资源相关的利益。围绕水库建设的冲突与合作主要发生在上游修建水库获取发电效益、下游引水灌溉或需要防洪的跨境河流，如拉普拉塔河、哥伦比亚河等。三是围绕水质和水生态的冲突与合作，具体是指流域国对水资源进行开发利用，可能导致水污染、泥沙、生态等问题，影响其他流域国的相关利益。流域国可能达成水质和生态保护方面的合作，例如莱茵河等。此外，一些跨境河流的水冲突原因更加复杂，可能存在以上多类问题，如科罗拉多河、咸海、尼罗河等。

　　跨境河流的水冲突与合作不是孤立存在的。通过各国的协作和谈判，一些跨境河流能够化解冲突，实现水资源综合管理（integrated water resources management）和公平合理的水利益共享，达成跨境河流水合作。例如，在美国和加拿大共享的哥伦比亚河流域，两国通过利益共享机制达成水合作，显著提升了流域的综合管理效益。在莱茵河污染事件发生后，各流域国开启务实的水合作，保护莱茵河防止污染国际委员会开始发挥更加重要的作用，莱茵河流域行动计划启动，该事件为莱茵河的治理和保护提供了契机。

　　为研究跨境河流水冲突与合作的演化规律和驱动机制，本章选取全球范围内典型的跨境河流水冲突与合作案例，深入剖析冲突与合作出现的历史缘由、发展过程和发展现状，从这些案例中总结经验和教训。本章选取的典型案例中，印度河和约旦河主要涉及水量分配的冲突与合作，哥伦比亚河和拉普拉塔河-巴拉那河主要涉及大坝和水电站建设的冲突与合作，莱茵河主要涉及水质和水生态的冲突与合作，而科罗拉多河和格兰德河、咸海、尼罗河则面临多种问题。最后，3.10节将对本章进行总结，归纳 8 个典型案例水冲突与合作的异同。

3.2　印　度　河

由于印度河径流在区域灌溉中发挥重要作用，围绕印度河水系的争端早在印巴分治之前就已开始，冲突时有发生。1947 年，印度、巴基斯坦独立分治后，新的国界将印度河干流及五大支流的上游部分划归在印度境内，下游部分划入巴基斯坦。由于国界的变更，印度境内的东旁遮普省和巴基斯坦境内的西旁遮普省之间的用水纠纷由过去的省际纠纷转变为国际纠纷。巴基斯坦 70%以上的国土位于印度河流域，巴基斯坦境内印度河流域水资源量占全国水资源量的 90%以上，全国人口的 80%集中在印度河流域。印度境内的印度河流域面积占其国土面积的13%，水资源量占全国水资源总量 4%，流域人口约 8000 万人，该水系引水灌溉面积占全国灌溉面积的 43%。印度河示意图如图 3.1 所示。两国对印度河水资源均有较大需求，水资源供需关系紧张。在印度河流域，能够获得丰富水量的取水工程多数位于印度境内，特别是巴基斯坦西旁遮普省的灌区用水依赖位于印度境内的渠首工程，供水安全受到印度的控制。

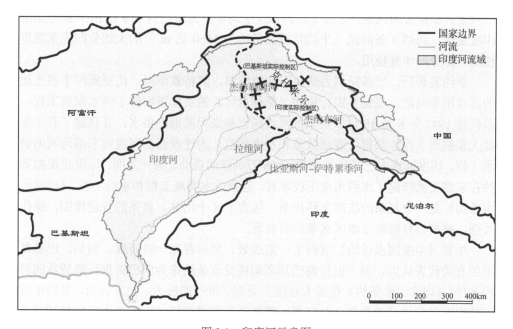

图 3.1　印度河示意图

　　1947 年，双方签署了《固定协议》(*Standstill Agreement*)，要求到 1948 年 3 月 31 日前，印度河流域灌溉系统的水资源分配维持现状。协议期满后，印度拒绝续期，并于 1948 年 4 月 1 日停止了对巴基斯坦境内数个引水渠的供水，使巴基斯坦农业生产遭受巨大损失。巴基斯坦派代表赴印度谈判，但印度要求巴基斯坦首先承认印度对东部 3 条河流的用水权，并要巴基斯坦为供水付费。双方对东旁遮普省河流水资源的所有权归属、巴基斯坦使用印度河干流和 5 条支流水资源的水费等问题发生了争执。

　　为解决印度河用水问题，在世界银行的协调和斡旋下，双方经过 8 年谈判，于 1960 年签订了《印度河水条约》，同时成立了印度河常设委员会，结束了两国在利用印度河水资源进行灌溉和发电问题上的长期争端。委员会每年至少举行一次会议，定期考察流域，每月交换来水用水数据。世界银行还成立了印度河流域开发基金，用以帮助巴基斯坦在西部河流加强蓄水设施建设。

　　具体而言，《印度河水条约》规定，印度河东部 3 条河流（拉维河、比亚斯河和萨特累季河）的全部水量归印度无限制地使用。巴基斯坦实施西水东调工程，即对西部河流进行必要的工程建设以代替以前东部河流的供水。在此期间，印度有义务向巴基斯坦提供一定量的水。相应地，巴基斯坦可以无限制地利用西部 3 条河流（印度河干流、杰赫勒姆河、杰纳布河）的所有水量，但印度作为上游国家，可有限使用这 3 条河流进行供水和发电等，除特殊规定外，不得修建蓄水设施。此外，条约附件对印方在每条河流的灌溉面积、水电站和水库的蓄水能力都有详细规定。根据条约规定，东部 3 条河流（平均年径流量约为 410 亿 m^3）都分配给印度使用；西部 3 条河流（平均年径流量约为 1660 亿 m^3）的大部分归巴基斯坦使用，部分归印度使用。

　　条约签署后，巴基斯坦为解决东部拉维河、萨特累季河、比亚斯河下游土地的灌溉用水问题，在世界银行集团（简称世行）的资助下实施了西水东调工程，以代替 1947 年 8 月 15 日以前东部河流向巴基斯坦灌渠的供水，并修建了若干重要大坝枢纽工程，获得了灌溉效益和发电效益。为建设西部河流向东部河流的调水工程，印度同意为巴基斯坦提供 6206 万英镑的资助。另一方面，印度也根据条约在东部支流修建了水利水电工程项目，包括引水灌溉工程和水电工程。《印度河水条约》是一个复杂的法律文件体系，包含了 8 个附件。该条约规定详细，操作性强，被视为目前南亚地区水条约的典范。

　　尽管《印度河水条约》取得了一定成效，但仍存在一些问题。例如，巴基斯坦的有关代表认为，由于世行将巴基斯坦接受该条约作为向巴提供巨额贷款的前提条件，《印度河水条约》在很大程度上受到了世行的压力。巴方认为，条约中规定的双方权利与义务存在一些问题，需要进行完善和修订，有关水污染控制等方面的问题也需要考虑进去。

此外，随着两国经济的发展，双方对水资源和水能资源的需求都快速增加，双方都制定了加大印度河流域水资源和水能资源开发利用的规划，由此出现新的问题。下面是在条约制定后出现纠纷的案例。巴格里哈尔水电站为有限蓄水的径流式水电站，总库容近 4 亿 m^3，用于发电的调节库容为 3750 万 m^3。1992 年，印度依据《印度河水条约》规定向巴通报，拟在西部三河之一杰纳布河上修建巴格里哈尔水电站，遭巴方坚决反对。2002 年印度开始建坝，两国各个层面的磋商无果。巴方认为此项目在最大设计洪峰流量、调节库容等诸多方面违反了《印度河水条约》。2005 年，巴方按《印度河水条约》纠纷解决程序，请世行指派一名中立专家进行仲裁。2007 年 2 月完成的仲裁就最大设计洪峰流量、泄洪道闸门高度、发电进水口高度等技术指标做了详细的规定。巴格里哈尔水电站纠纷仲裁是由世界银行中立专家根据印巴双方分歧陈述和论证，在反复磋商的基础上达成的。从仲裁报告看，其基本依据是印巴《印度河水条约》，从一个侧面也说明了该条约框架的有效性和完善性。长期以来，《印度河水条约》被认为是解决跨境河流沿岸国水资源利用问题的一个极好例子，也是成功解决主要跨境河流流域冲突的少数例子之一，巴格里哈尔水电站纠纷的成功解决无疑进一步印证了这一点。

总体上看，印巴双方在世行等第三方的斡旋下达成了详细的分水条约，条约较为完整和具体，对争端解决做出了可操作的规定。世行等第三方还成立基金，为双方提供了实施方案的资金，使双方的调水、灌溉、发电等工程顺利实施，印巴两国都从这一合作中获取了较大的综合效益。在推动条约签署和后续争端解决中，世行能够保持中立地位，发挥了解决纠纷的作用。因此，在跨境河流合作遇到瓶颈时，保持中立地位、具有一定权威的第三方可能发挥重要的协调作用，签署条约应该包含合理可操作的争端解决方案，而充足的资金保障也是推动合作的重要因素。

3.3 约 旦 河

约旦河是中东的重要水系之一，流经黎巴嫩、叙利亚、约旦、以色列、约旦河西岸等地区，如图 3.2 所示。上约旦河共有 3 条支流，年径流量共约 5 亿 m^3，汇流后上约旦河流入太巴列湖。随后重要支流耶尔穆克河流入约旦河，最终汇入死海。约旦河流域面积约 1.77 万 km^3，汇入死海的年径流量约 14.76 亿 m^3，是以色列、约旦、约旦河西岸等国家和地区的重要水源。由于气候炎热干燥，地表水量很小，地下水储量也不丰富，约旦河是沿岸人民满足生产和生活用水需求的生命线。

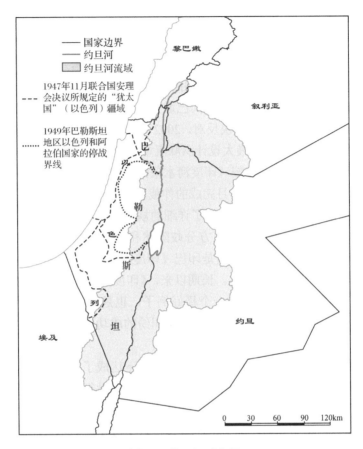

图 3.2　约旦河示意图

　　早在 1919 年，犹太社团就在巴黎和会上提出了未来犹太国家的领土设想，他们要求任何形式的国土都必须包括约旦河源头地区。1947 年联合国通过决议，在巴勒斯坦分别建立一个阿拉伯国家和犹太国家，其中犹太国家以色列于 1948 年建国。以色列建国后，阿以军事冲突不断，一共发生了 5 次中东战争，对水资源的控制和占有是战争的目的之一。1951 年以色列提出将约旦河水引到南方地区的计划，遭到阿拉伯国家的反对。1953 年约旦与叙利亚计划在耶尔穆克河上建设蓄水工程，同年以色列开启了国家引水渠计划。为避免阿以冲突，美国曾提出开发约旦河谷统一计划，计划将全流域 12.13 亿 m³ 的水资源分配给以色列、巴勒斯坦和叙利亚 3 个国家，其中以色列 3.94 亿 m³、叙利亚 0.45 亿 m³、巴勒斯坦 7.74 亿 m³，但分水方案遭到阿拉伯国家和以色列的不满。最终，由于叙利亚和黎巴嫩拒绝分水计划，美方斡旋陷入困境。

　　与此同时，以色列继续在约旦河上修筑小型水坝，并继续实施国家引水渠计划，于 1964 年完工该计划。约旦和叙利亚一直希望在耶尔穆克河上修筑水坝，但缺乏项目资金。美国和世界银行虽然曾经承诺提供资金，但一直没有真正实施援助计划。直至 1964 年，阿拉伯国家首脑会议制定了约旦河改造计划，包括从约旦河引水、修筑水坝等，之后叙利亚开始在约旦河的几条支流上进行作业。以色列对工程进行了多次袭击。随着双方报复行动的升级，1967 年，以色列炸毁叙利亚正在修建的水坝，第三次中东战争爆发，以色列的战争动员口号之一就是"水，以色列的生命"。最终，以色列占领了约旦河源头属于叙利亚的戈兰高地、约旦河西岸等大片土地。第三次中东战争以后，以色列对水资源进行更大强度的开发和利用，其水政策严重影响了巴勒斯坦人的生存。以色列于 1978 年和 1982 年两次入侵黎巴嫩，其中水资源问题是主要原因。1978 年后以色列控制黎巴嫩南部，从利塔尼河抽取水资源，并向太巴列湖进行输水。

阿以矛盾几经反复，但战争无法真正解决水问题，双方开始寻求通过和平方式解决水冲突。特别是苏联解体和美苏冷战结束后，整个中东局势出现缓和，巴以双方于 1991 年召开中东和会，并于 1993 年签订了《奥斯陆协议》。协定规定双方进行水方面的合作，双方专家拟定水发展计划等。1994 年以色列和约旦签署的和平条约规定双方要在水资源开发上进行合作，不得损害对方利益，并明确了两国从耶尔穆克河和约旦河中抽取的水量。1995 年签署的《奥斯陆第二协议》就水问题达成一致，承认巴勒斯坦在约旦河西岸的用水权。在联合国斡旋下，叙利亚和以色列进行了多次会谈，但双方在水资源问题上分歧严重，双方一直未能达成最终和解。

当前，该地区人口还在持续增长，水资源需求量继续增加，淡水资源供需形势越来越紧张，多个淡水湖泊水位下降。总体上看，该区域水资源短缺严重，美方曾希望作为第三方协调流域的水资源合作，但由于水资源问题和民族问题、宗教问题、领土问题等交织，各方利益未能均衡，水资源合作最终未能达成。以色列与阿拉伯国家发生了多次水冲突和 5 次中东战争，尤其是第三次中东战争，水资源争端成为主要矛盾。但战争一直未能解决约旦河流域的水冲突，该地区安全稳定受到严重威胁。1991 年的中东和会以来，双方开始了和平进程，合约中大多涉及了水问题的分配和解决方案，但依然未能彻底解决地区水问题。

3.4　哥伦比亚河

哥伦比亚河是北美洲西部水量最大的跨境河流。其干流发源于加拿大南部的落基山脉，西南流经美国爱达荷、俄勒冈和华盛顿等州，最终注入太平洋，如图 3.3

所示。哥伦比亚河干流全长约 2000km，落差 808m，流域面积 66.9 万 km²。其中上游加拿大境内河段长 748km，流域面积 10.2 万 km²，约占全流域面积的 15%；中下游美国境内河段长 1252km，流域面积 56.7 万 km²，约占全流域面积的 85%。

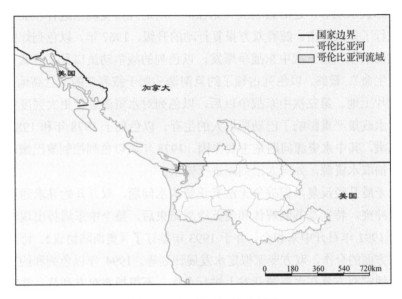

图 3.3　哥伦比亚流域示意图

哥伦比亚河流域整体气候干燥，气温和降雨随海拔变化较大。流域内降水主要集中在冬季，大部分以降雪形式落到山区，各支流秋冬季水量较少，春末夏初水量较大。流域水量充沛，水系复杂，支流众多，河口多年平均流量 7419m³/s，多年平均径流量 2340 亿 m³，其中 40%来自加拿大境内，最大的支流为斯内克河，其余较大支流包括威拉米特河、库特内河和庞多雷河。由于水量大、坡度陡，哥伦比亚河流域水能开发潜力巨大。经过一百余年的综合开发利用，哥伦比亚河发挥了巨大的社会经济效益。

经历了早期在水利益分配方面的分歧和其后双方的共同努力，哥伦比亚河被认为是跨境河流合作和水利益共享的典范。1909 年，美国和加拿大签订了《边界水域条约》，并于之后成立了国际联合委员会。然而，在之后的利比大坝修建、柯特奈河调水等问题上，两国出现了水利益分配上的分歧。直到 1964 年，双方签订了《加拿大-美国关于合作开发哥伦比亚河水资源条约》（简称《哥伦比亚河条约》），提出了上下游利益共享的具体方案，促进了该跨境河流的合作，显著提升了流域的总体效益。

20 世纪 60 年代以前，美国在哥伦比亚河上相继建设了 24 座大坝和水电站，总装机容量 1200 万 kW，总有效库容 164 亿 m³。由于美国的水库大多处于流域下游，难以有效调节洪水，应对频繁发生的洪涝灾害的能力不足。如 1948 年哥伦比亚河发生特大洪水，美国俄勒冈州的梵港市大堤溃决，造成 50 多人死亡，大量基础设施被洪水损毁。同时，美国在太平洋西北地区的经济发展迅猛，对电力的需求不断增加。当时加拿大当地电力需求相对不足，水电发展相对滞后。在上述形势下，美加两国意识到通过合作开发水能资源和调控洪水可以给两国带来巨大利益，加之两国在政治、经济领域高度的互信合作基础，双方于 1961 年起草了《哥伦比亚河条约》。经过 3 年多的反复协商，两国政府于 1964 年正式批准了该条约，有效期 60 年。

《哥伦比亚河条约》规定，加拿大在其境内修建邓肯坝（防洪库容 17 亿 m³）、麦卡坝（防洪库容 86 亿 m³，装机容量 173.6 万 kW）和金利赛德坝（防洪库容 88 亿 m³，装机容量 17 万 kW）等 3 座水库，以满足下游防洪减灾和优化水力发电的需求。为此，美国对加拿大进行防洪效益与发电效益的补偿。防洪效益采用水库工程所减免的多年平均洪灾损失法计算，美国于 1964 年一次性向加拿大支付 6440 万美元，用于补偿加拿大在 60 年期限内 3 座水库汛期预留防洪库容为美国带来的防洪效益。关于发电效益，双方提前 5 年联合制定第 6 年的运行调度计划，并以该计划中的电力负荷预测及火电装机为依据估算该年度的下游发电效益。其中，下游发电效益指加拿大龙头水库优化调度给美国下游发电带来的理论增加值（含电量效益与容量效益）。美国需将此理论增加值的一半作为"加拿大权益"，以电的形式补偿给加拿大。据统计，2003 年之后加拿大平均每年约可分得 50 万 kW 装机的相应电量，约合 2 亿美元。

哥伦比亚河于 1972 年发生大洪水，天然洪水流量达 29500m³/s，由于上下游干支流水库联合调度，特别是上游水库发挥了重要作用，下泄流量降到 17600m³/s，下游范库佛市的洪水位比天然情况降低了 3m，避免了 2.5 亿美元洪灾损失。美加双方在合作中均获得了丰厚回报，实现了互利共赢。目前，哥伦比亚河流域建有超过 60 座水坝，其中 14 座位于干流，20 座位于支流斯内克河上，7 座位于支流库内特河上，7 座位于支流庞多雷河上，其余位于其他支流上。哥伦比亚河梯级开发为美国提供了超过 44% 的水能发电量。《哥伦比亚河条约》执行时间已经超过半个世纪，一些新的问题逐步出现，包括生态保护问题、灌溉问题、气候变化问题等。2024 年 7 月，两国达成关于更新该条约的原则协议，同意继续执行这项跨境水管理条约。

总体上看，哥伦比亚河流域水资源开发利用的一大特点是，大部分水电和防洪需求在美国，而修建能够控制洪水水库的最佳坝址却在加拿大。合作开发哥伦比亚河具有其固有的复杂性。一方面，合作工程的选址至关重要。美国对水电和防洪有着迫切的需求，但是上游加拿大却占据着防洪的最佳位置。另一方面，一且确定了合作工程的选址和库容，工程建设的出资和建成后的利益分成也极为重要。由于加拿大对电力和防洪的需求远不及美国，合作工程具体由哪一方投资成为美加两国关注的焦点。此外，合作工程的修建将显著提高下游美国水电站的发电效益，提高下游的防洪效益，如何合理地分享这些效益，实现对加拿大方面的利益补偿，也是双方讨论的重点之一。在合作开发的过程中，双方遵从投资分摊原则以及效益共享原则，成功解决了合作难题，显著提升了流域整体效益和上下游两国效益，为其他跨境河流水库建设合作树立了典范。

3.5 拉普拉塔河-巴拉那河

巴拉那河位于巴西中南部高原，全长 4880km，长度排名世界第 13 位，年径流量 7250 亿 m³，是南美洲仅次于亚马孙河的第二大河，也是世界第五大河。作为一条国际河流，它自东北向西南，先后流经巴西、巴拉圭和阿根廷，最后注入拉普拉塔河，如图 3.4 所示。

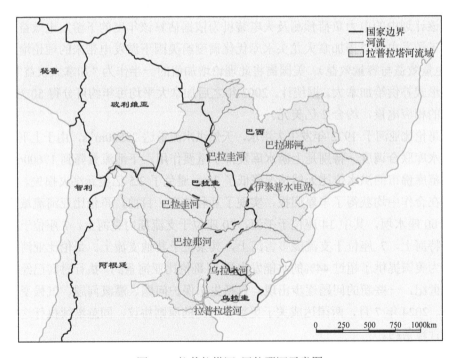

图 3.4 拉普拉塔河-巴拉那河示意图

巴拉那流域涉及巴西和巴拉圭的领土争端。1864～1870 年巴拉圭与巴西发生战争，巴拉圭失去大量领土。停战协议规定两国以巴拉那河为界河，沿河北上至瓜伊拉瀑布后国界沿马拉卡茹山脊向西。但该山脊有两个分叉，因此领土存在争议。1963 年巴西准备在瓜伊拉瀑布处建立伊泰普水电站，根据巴西方面主张的国界，拟建大坝完全位于巴西界内。但因为 200 km 长的水库覆盖有争议的边界线，建设计划遭到了巴拉圭的抗议。为解决这一问题，有建议提出在伊泰普电力公司的监督下，将有争议的领土作为两国的生物保护区。1966 年，巴西和巴拉圭两国签署《伊瓜苏协议》，规定两国对巴拉那河从瓜伊拉瀑布到阿根廷边界的 200km 共有河段进行共同勘测，建设水利工程，由两国共同管理，并平均分配所生产的电力。1973 年，巴西和巴拉圭两国政府签订《伊泰普协议》，成立伊泰普跨国公司。该公司被授权主持工程建设和经营管理，共同开发界河一段 200km 长河道的水力资源。1991 年 5 月，举世瞩目的伊泰普水电站建成，工程耗资 170 多亿美元。大坝全长 7744m，高 196m，拦腰截断巴拉那河，形成面积 1350km^2、库容 290 亿 m^3 的人工湖，多年平均流量 8500m^3/s，装机容量最初为 1260 万 kW，后在 2001 年增加到 1400 万 kW。根据协议，巴西可优先购买巴拉圭用不完的电能，由于两国有着不同的电力频率系统，这部分电能从 50Hz 转换成 60Hz 后进入巴西电网系统。

关于水电站的建设和利益分配，相关国家经历了漫长的谈判过程。巴西和巴拉圭两国合资成立伊泰普跨国公司，公司股本总额为 1 亿美元，两国的国家电力公司各认购一半，股权不得转让。由于巴拉圭经济发展较为落后，巴西政府借给巴拉圭政府 5000 万美元以支付巴拉圭应承担的股本份额，50 年内还清。关于阿根廷的诉求，在 1979 年项目实施方案确定前，巴西和巴拉圭被要求与下游的阿根廷签署了一份"三方协议"，三国达成了一个重要的外交解决方案，以不影响下游的航运为条件，制定了水电站的详细操作章程。章程规定了水电站正常运行期间的最小流量和最大允许水位波动，不允许同时运行 18 个以上的发电机组。2009 年，巴西和巴拉圭达成一项新协议，巴西大幅度提高从巴拉圭购买电力的价格，并且逐步允许巴拉圭直接向巴西自由卖出剩余的电能，而不受巴西垄断性的电力公司的干涉。

此外，伊泰普水电站还涉及生态环境的争端。水电站的建设和运营影响了当地植被和渔业。1977 年，两国成立了森林调查委员会，保护稀有和濒危植物物种，监测森林状况，扩大森林覆盖。在渔业方面，该工程的建设管理者从保护河流生态环境以及生物多样性角度出发，决定增设过鱼设施，以解决巴拉那河坝址段的鱼类洄游问题。过鱼设施于 2002 年建成，2004 年投入运行，同时开展了鱼类监测和评估活动。伊泰普双边联营体和环境保护机构还制定了捕鱼规则，包括渔网的网眼尺寸、捕鱼季节和保护区，严禁引入外来鱼种，并长期监测水库的商业性捕鱼量。

　　伊泰普水电站自从 1991 年投入运营后,在巴西和巴拉圭的能源供应中发挥了举足轻重的作用。到 2002 年 9 月为止,水电站总发电量已超过 1 万亿 kW·h,为巴西南部市场供应了约 25%的电力,为巴拉圭电力系统供应了 95%的电力,每年产值平均 22.78 亿美元。此外,水电站建成后,两国争议性领土大部分被淹没,两国将其设置为生物保护区,创造性地解决了两国长久以来的边界问题。该工程建设促进了巴拉圭经济的迅速增长,在 1977～1980 年,平均每年 11%的增速使巴拉圭成为当时世界上增长最快的经济体。伊泰普水电站建设期还吸引了大量国外资本,刺激了两国金融发展。坝内蓄水后形成巨大的人工湖,成为人工饲养鱼类的重要产地,每年产鱼 40 万 t。该工程促进了两国灌溉农业的发展,伊泰普水电站还成为当地著名的旅游景点。

　　总体上看,伊泰普水电站建设涉及两国领土争端,因此情况较为复杂。但两国创造性地将争议土地设置为生物保护区,避开了领土争端障碍。水电站的勘测、建设和运营也充分体现了两国共建、共享、共管的平等互利原则。此外,由于巴拉圭经济相对落后,巴西还做出重大让步,在巴拉圭应承担的伊泰普公司 50%股权的资本金方面提供帮助。在面对植被渔业等生态问题、电价问题等争议时,两国通过签定协议和共同行动,较好地解决了争端。

3.6　莱　茵　河

　　莱茵河发源于瑞士,流经列支敦士登、奥地利、意大利、卢森堡、比利时、德国、法国和荷兰,最后流入北海,如图 3.5 所示。莱茵河是中西欧仅次于多瑙河的第二长河,全长约 1230km,平均流量约 2900m³/s。莱茵河流域面积达 18.5 万 km²,流域人口超过 5800 万。该地区相对发达,2017 年流域内所有国家人均 GDP 均超过 3 万美元。莱茵河在航运、发电、工业和生活用水、农业和旅游业等方面发挥重要作用。该流域各国工业化较早,在莱茵河流域内开发水资源、建设水电站和发展工业,水污染和生态问题成为莱茵河的主要问题。例如在 20 世纪 40 年代末,法国的钾盐矿开采导致莱茵河盐碱化,损害了下游的饮用水安全和灌溉。

　　为应对日益严重的水污染和生态问题,沿岸国家中的瑞士、法国、德国、卢森堡和荷兰成立了莱茵河保护国际委员会(ICPR),协商流域内的共同污染防治。1963 年,在 ICPR 的框架下,各国签订了《关于莱茵河防止污染国际委员会的伯尔尼协定(修正本)》。随后各国还签署了《保护莱茵河免受化学污染的波恩公约》和《保护莱茵河免受氯化物污染公约》。虽然在流域组织协调下,各国签署了若干个条约,但在 20 世纪 70 年代和 80 年代,这些条约并没有发挥有效的治理作用。一方面,第二次世界大战结束后,沿岸国经济恢复成为首要目标,流域内工业发展迅速；另一方面，20 世纪 70 年代石油危机爆发，西欧各国面临经济衰退和失业率上升的问题。在这种情况下，相对于经济发展，在实际中推行环保政策存在一定困难。此外，上游国家需牺牲经济发展治理污染，下游国家才能够"搭便车"获益，上游采取环保措施的意愿不强烈。

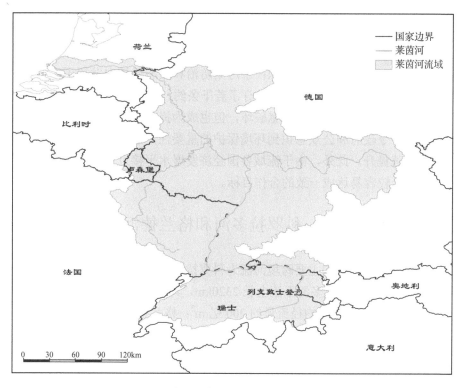

图 3.5　莱茵河流域示意图

　　1986 年，莱茵河流域发生了桑多兹化工事件，使流域内的水污染防治合作发生了根本性变化。1986 年 11 月 1 日，瑞士巴塞尔附近的桑多斯滑雪公司仓库发生起火事件，装有剧毒农药的存储罐爆炸，有毒物质进入下水道排入莱茵河，形成 70km 长红色污染带并向下游输运，污染带流经河段的鱼类大量死亡，自来水厂全部关闭，事故对莱茵河生态造成严重破坏。事件发生后，沿岸各国迅速多次召开会议，环境问题上升为政治问题。各国政府和人民环保意识迅速上升，开始制定强而有力的环保政策，公民、企业也主动参与到水污染治理和环境保护的工作中来。1987 年，各国批准实施了"莱茵河行动计划"，其目标是在 2000 年前彻底恢复莱茵河原有的生态环境。2000 年，各国缔结了新的《莱茵河保护公约》，同年欧盟颁布了《欧盟水框架指令》。

　　此外，莱茵河污染事件发生后，ICPR 在效力发挥上发生了巨大转变，其在污染事件后发布的莱茵河生态恢复调查报告和水质标准建议都在各国政策制定中起到了重要作用。ICPR 包括秘书处、协调小组以及水质、生态学和污染排放 3 个常设工作小组，以可持续发展、预防为主、源头治理、不转移污染、污染者付费、发展和应用新技术为基本原则。"莱茵河行动计划"进一步提升了 ICPR 在成员国的影响力。借助 ICPR 的平台，各国政府、企业、公众、社团能够建立对话和培养互信关系。ICPR 还建立起高效的水质监控和预警网络，对 45 种物质执行最严格的含量控制标准，并将信息向社会公布。

总体上看，莱茵河的流域组织在水污染防治和生态保护中发挥了重要作用，各流域国围绕水质保护和生态恢复签订了若干条约。1986 年的桑多兹化工事件对各国造成冲击，生态环境遭到严重破坏，但也成为提升全流域合作水平的重要转折点。该事件令政府和公众意识到环境保护的重要性，使原有条约和流域组织发挥的作用显著提升。此外，由于流域各国经济发展水平接近且普遍较高，各国在水污染防治上较容易达成一致的合作目标。

3.7 科罗拉多河和格兰德河

美国和墨西哥之间的主要跨境河流为科罗拉多河和格兰德河。美国均位于这两条河流的上游。科罗拉多河干流全长 2320km，其中有 38 km 的界河段，流域面积约为 64 万 km^2，多年平均径流量约 200 亿 m^3；格兰德河干流全长 3034km，其中有 2019km 的界河段，流域面积约为 57 万 km^2，多年平均径流量 27 亿 m^3。两国在边境区域的人口快速增长，两条跨境河流为该区域提供了必要的灌溉用水、采矿业用水和城市供水。两条河的水量分配情况如表 3.1 和表 3.2 所示。

表 3.1 科罗拉多河水量分配表

国家（地区）		水量分配/亿 m^3
美国	怀俄明州	12.86
	内华达州	3.70
	犹他州	21.14
	科罗拉多州	47.55
	加利福尼亚州	54.27
	亚利桑那州	35.15
	新墨西哥州	10.33
墨西哥		18.50

表 3.2　墨西哥境内格兰德河支流水量分配表

支流名称	水量分配
孔恰斯河	1/3 为美国水量，2/3 为墨西哥水量
拉斯巴卡斯河	1/3 为美国水量，2/3 为墨西哥水量
圣迭戈河	1/3 为美国水量，2/3 为墨西哥水量
圣洛特里戈河	1/3 为美国水量，2/3 为墨西哥水量
埃斯页迪多河	1/3 为美国水量，2/3 为墨西哥水量
萨拉多河	1/3 为美国水量，2/3 为墨西哥水量
阿拉莫河	全部为墨西哥水量
圣胡安河	全部为墨西哥水量

1848 年美国和墨西哥签订了《瓜达卢佩-伊达尔戈条约》，条约规定了两国的新边界。1889 年，两国举行会议成立了国际边界委员会（International Boundary Commission），致力于处理格兰德河和科罗拉多河的边界纠纷。早在 1906 年，两国曾就格兰德河上游 154km 河段的水资源分配达成协议，但未就下游 1874km 的河段分水进行谈判。两国关于科罗拉多河分水谈判自 1930 年开始。美国当时提出每年分配给墨西哥的水量应该是墨西哥历年来从科罗拉多河引用的最大年灌溉用水量，即 9.25 亿 m^3，但墨西哥坚持每年分配给其的水量为 55.51 亿 m^3，由于差别巨大，双方没有达成一致。1935 年，随着美国胡佛大坝的完工和运营，科罗拉多河的流量和周期发生了明显变化。

1941 年，双方再次开始分水谈判，对包括格兰德河和科罗拉多河在内的多条跨境河流一起谈判。1944 年，两国签订了《美利坚合众国与墨西哥合众国关于利用科罗拉多河、提华纳河及从得克萨斯州奎特曼堡到墨西哥湾的格兰德河（布拉沃河）河水的条约》，就跨境河流的水量分配达成协议：美国每年从科罗拉多河向墨西哥输送 18.5 亿 m^3 的水量，同时，墨西哥保证在格兰德河 6 条支流上每年向美国提供 4.32 亿 m^3 的水量。这是双方长期谈判、相互让步、妥协的结果。科罗拉多河墨方基本上不产水，该河分水基本上体现了地域优先和以需求为基础的原则。格兰德河主源在美国，美方产水归美方使用；对墨方的 8 条格兰德河支流，6 条支流上产水的 2/3 留墨方，1/3 归美方，基本上体现了支流绝对主权的原则，同时也考虑到美国向墨西哥分了一定的科罗拉多河水。

1944 年条约将国际边界委员会更名为国际边界与水委员会，负责执行美墨两国达成的边界与水协定，解决在条约执行过程中出现的争议，管理格兰德河和科罗拉多河等流域，处理两国界河及其附近地区发生的纠纷。除跨境河流分水外，委员会还负责边界整治，河势治理，大坝、水电站、防洪设施等边界水利工程建设，以及污水处理、含盐量控制、水情联合监测和数据发布等。20 世纪 50 年代，墨西哥在科罗拉多河上游修建了莫洛雷斯大坝，符合 1944 年条约的规定。委员会是双方进行边界水谈判的唯一机构，享有国际机构的法律地位，由美、墨两个分部组成，双方各有 5 名成员，包括 1 名主席、1 名秘书、2 名首席工程师和 1 名法律顾问，上述人员均由本国政府委派，具有一定外交地位。其中主席由各自国家的总统任命。

1944 年条约签订后的 10 年时间内，科罗拉多河的水量相对充沛，美国平均每年向墨方输水超过 18.5 亿 m³。然而，随着美方在科罗拉多河上建成格伦峡坝，超额输水随即停止。直到 20 世纪 70 年代末，美国才恢复超额输水。期间，墨西哥表达了对美国水库蓄水的关切。随着超额输水的停止和向墨方输水盐度的上升，美国和墨西哥又出现了新的分歧。早在 1961 年，墨西哥就向美方提出科罗拉多河的来水盐度过高，无法利用。科罗拉多河盐度上升主要是亚利桑那州灌区的灌溉用水流回河道导致的。双方共同组建专家组对国际边界与水委员会提出建议，最终在 1965 年，美方同意建造水渠将高盐度的水引向墨西哥主要取水点的下游。该方法使墨方引水盐度开始下降。随后，经过美墨双方最高领导人的会晤，美方同意彻底解决盐度较高的问题。1973 年，国际边界与水委员会签定《科罗拉多河盐度国际问题的永久和最终解决方案》，规定了向墨方输水的盐度上限。

20 世纪 90 年代，科罗拉多河流域又出现了泥沙问题。科罗拉多河的泥沙淤积影响了河道的输水能力，国际边界与水委员会于 1994 年制定方案，由美方协助墨方进行河道和水库的清淤工作。之后，为了彻底解决关于盐碱化和泥沙淤积的问题，国际边界与水委员会专家组与两国水资源机构在 1995 年共同组建科罗拉多河国际特别工作组，重点解决河道输水能力和北部河段盐碱化问题。关于南部河段盐碱化问题，双方仍有分歧，特别工作组对墨西哥灌区进行详细调查，以了解该区域盐碱化问题的原因。经过特别工作组的努力，双方同意美国垦务局于 1999 年对河道泥沙进行清理，同时墨方协调莫洛雷斯大坝的调度，方便疏浚工作的开展。随后，国际边界与水委员会还成立了第四个双边工作组，聚焦墨西哥三角洲区域的水资源和自然资源问题，并将两国的环保机构纳入协商机制中。

总体上看，美国和墨西哥共同组建的国际边界与水委员会以解决两国分水问题为主要任务。但随着之后盐碱化、泥沙、三角洲环境等新的问题产生，双方保持协商沟通，国际边界与水委员会也不仅仅关注分水问题，而是不断调整工作范围，以解决分水问题以外的新问题。这种较为灵活的机构调整和双方公平互惠的持续协商，大大促进了两国的友好关系。其中，在盐碱化问题上，国际边界与水委员会遇到一定挑战，但最终在两国总统的高层会晤后，该问题的解决取得了实质性的进展。此外，双方在解决问题的资金方面都表现得较为灵活，例如墨方同意出资修建莫洛雷斯大坝和美方境内的一部分渠道，而美方也同意出资修建输水设施、疏浚河道等。因此，双方本着公平互惠的原则展开合作，共同成立跨境流域的管理机构，保持机构工作范围和资金的灵活性，适时通过高层会晤等方式推进棘手问题的解决，能够有效解决跨境流域水量分配及其他问题，提升跨境流域的合作水平。

3.8　咸　海　流　域

咸海位于中亚，是世界第三大内陆水体，咸海流域人口 6040 万人，水资源总量 1160 亿 m^3，人均 1930m^3。咸海及其周边地区气候干燥，蒸发量大，生态相对脆弱。阿姆河和锡尔河是咸海水量的主要来源，两河一南一北分别注入咸海，如图 3.6 所示。阿姆河发源于帕米尔高原，流经阿富汗、塔吉克斯坦、土库曼斯坦、乌兹别克斯坦、哈萨克斯坦，之后汇入咸海，全长 2540km，流域面积 46.5 万 km^2。阿姆河上游由喷赤河和瓦赫什河汇合成为干流，多年平均径流量为 793 亿 m^3，是中亚地区径流量最大的河流，其中上游塔吉克斯坦产水量占流域 74%。流域山区年降水量超过 1000mm，融冰融雪占河流补给的 50%，而平原区年降水仅为 100mm 左右，具有明显的干旱区河流特征。锡尔河发源于天山山脉，流经吉尔吉斯斯坦、乌兹别克斯坦、哈萨克斯坦，最终汇入咸海，全长 3018km，流域面积约 22 万 km^2。锡尔河上游包括纳伦河、库瓦河、卡拉达利亚河等多条重要支流，多年平均径流量为 372 亿 m^3。由于帕米尔-青藏高原和天山山脉的阻隔，来自海洋的水汽难以进入流域，降水主要集中在上游山区，而下游平原荒漠区降水稀少，年均降水量在 200mm 以下，而位于上游的吉尔吉斯斯坦产水量占流域总径流量的 74%。

苏联时期，限于当时的经济发展水平和生态环保意识，政府认为灌溉效益的增加远超咸海渔业和航运业的减少，因此主导了该流域的灌溉引水设施建设和灌溉扩展。20 世纪 50~60 年代，苏联兴建水利设施并扩大灌溉面积，在计划经济体制下进行水资源调配。1984 年和 1987 年，苏联分别制定了各加盟共和国关于锡尔河和阿姆河的分水协议。根据协议，上游国家兴建水库，在灌溉期放水满足下游的灌溉需求，同时产生的发电量通过电网输送到下游；而在冬季非灌溉期，

上游有较大的能源需求，则由下游调拨化石能源或电力能源满足上游需要。以上
协议建立了咸海流域各加盟共和国关于水资源合作的基本框架。

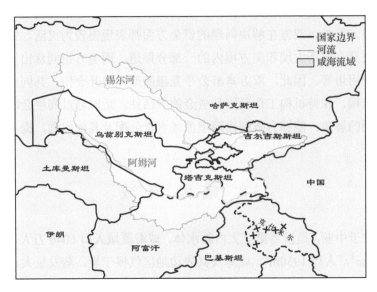

图 3.6　咸海流域示意图

　　然而，苏联在中亚大规模的农业开发和水利工程建设导致了咸海水域面积持
续萎缩（图 3.7）。1960 年前，咸海水域面积 6.8 万 km^2，蓄水量超过 1 万亿 m^3。
随后咸海水域面积持续下降，在 1986 年分为了南北两个区域，2018 年水域面积
仅剩 $8000km^2$。咸海水域面积的萎缩带来了严重的生态后果，包括地下水位下降、
水质恶化、土壤盐化等，咸海中的鱼类和周边动植物受到严重影响。此外，咸
海地区疾病发生率和婴儿死亡率出现上升，居民失业比例上升，生活水平下降，
一些居民被迫迁往其他地区。咸海水域面积萎缩和生态恶化的现象被称为"咸海
危机"。

　　苏联解体后，咸海流域各国经过谈判，在 1992 年通过了《中亚各共和国和哈
萨克斯坦水利经济组织领导人宣言》，并在之后陆续通过了一系列协定，成立了若
干国际机构以维持各国合作关系。然而，咸海流域人均水资源量较低，人口持续
增加，水资源压力巨大。由于缺少统一协调，上下游水能互换的合作机制也出现
困难，甚至出现政治经济冲突。此外，中亚各国在苏联解体后社会经济发展出现
一定波折，灌溉设施缺乏足够维护，导致更加严重的渗漏问题，灌溉效率降低。
在这种情况下，咸海流域的水资源合作和生态保护面临巨大的挑战，至今依然缺
乏长期稳定有效的合作机制。

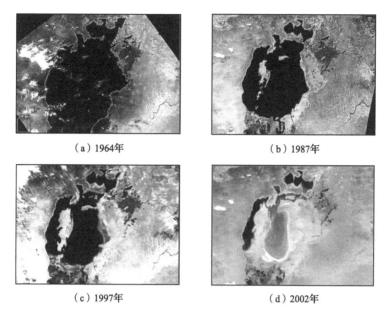

（a）1964年　　　　　　　　　　（b）1987年

（c）1997年　　　　　　　　　　（d）2002年

图 3.7　咸海水域面积变化图

　　具体而言，阿姆河水冲突主要为乌兹别克斯坦与上游的土库曼斯坦和塔吉克斯坦之间的冲突。塔吉克斯坦位于阿姆河上游，而阿姆河大部分河段位于土库曼斯坦境内。塔吉克斯坦认为苏联时期水资源和能源的交换补偿协议不合理，要求增加分水份额，并计划在阿姆河修建梯级水电站，摆脱对乌兹别克斯坦的能源依赖。土库曼斯坦从卡拉库姆运河取水，并建造了多个蓄水量较大的水库。塔吉克斯坦和土库曼斯坦的行为引起下游乌兹别克斯坦的强烈不满，加深了阿姆河上下游的矛盾。

　　锡尔河的水冲突则主要涉及吉尔吉斯斯坦、乌兹别克斯坦和哈萨克斯坦。在苏联时期，位于上游的吉尔吉斯斯坦在锡尔河修建水库并调度，保障了乌兹别克斯坦和哈萨克斯坦的农业灌溉用水。苏联解体后，吉尔吉斯斯坦要求下游乌兹别克斯坦和哈萨克斯坦支付水资源费和水库维护的费用。1997 年，乌兹别克斯坦部署军队，准备夺取位于吉尔吉斯斯坦的托克托古尔水库，而吉尔吉斯斯坦则威胁若遭到进攻就炸掉大坝，洪水会冲毁乌兹别克斯坦的发达地区。2001 年，吉尔吉斯斯坦国会颁布法律，明确从本国获得水资源的国家应向吉尔吉斯斯坦支付水资源费，乌兹别克斯坦则切断了向吉尔吉斯斯坦的天然气供应。2002 年，下游国家同意支付吉尔吉斯斯坦的水库维修费用，以保证得到灌溉用水。但另一方面，下游国家的能源企业私有化，停止无偿向吉尔吉斯斯坦提供能源，原有的水资源和能源的交换补偿协议难以为继。哈萨克斯坦位于锡尔河流域最下游，2002 年乌兹别克斯坦不顾哈萨克斯坦反对，在境内修建水库，导致 2004 年哈萨克斯坦境内的恰尔达拉水库干涸，两国就水资源问题爆发激烈冲突。加上原有边界矛盾，两国在 2001～2006 年共发生 20 余起边界居民冲突事件。

　　总体上看，阿姆河和锡尔河的上下游国家间水冲突原因主要集中在水资源和能源的交换机制上。苏联时期，上游国家夏天放水满足下游国家灌溉用水，冬天水电站蓄水不发电，下游国家免费供应上游国家能源。苏联解体后，能源必须付钱，水却是免费的，上游国家开始大规模建设水电站，并在冬天放水发电。此外，上游的塔吉克斯坦和吉尔吉斯斯坦对原有的分水方案也非常不满，认为在自己领土内形成的水资源应当是自己国家的财富。在未来气候变化和人口持续增长的情景下，咸海流域水资源和环境状况存在较大风险，可能加剧上下游国家的冲突。

3.9　尼　罗　河

　　尼罗河位于非洲，流经布隆迪、卢旺达、坦桑尼亚、肯尼亚、刚果民主共和国、厄立特里亚、乌干达、南苏丹、苏丹、埃塞俄比亚和埃及等 11 个国家［UNEP（United Nations Environment Programme，联合国环境规划署），2016］，河长 6670km，是世界上最长的河流，如图 3.8 所示。尼罗河上游主要由白尼罗河和青尼罗河组成。其中白尼罗河发源于位于赤道的维多利亚湖，主要流经南苏丹和苏丹；青尼罗河位于东部，发源于埃塞俄比亚，并于苏丹的喀土穆与白尼罗河交汇，成为尼罗河干流，向北流入埃及并最终流入地中海。青尼罗河流量占干流流量的 60%，并具有明显的季节变异性。目前，尼罗河流域是非洲人口最密集、经济最发达的地区之一。

　　早在 20 世纪 50 年代，当时的埃及政府就制定了雄心勃勃的经济发展计划。埃及希望通过修建尼罗河高坝，开发新的资源以推动经济发展。在苏联的资金和技术援助下，埃及于 1959 年完成了阿斯旺水坝工程设计，1960 年破土动工，5 年后大坝合龙，1967 年阿斯旺水坝工程正式完工。阿斯旺水坝位于埃及境内的尼罗河干流上，在首都开罗以南约 800km 的阿斯旺城附近，是当时世界上最大的高坝工程，它高 112m、长 5km，是一项集防洪、灌溉、航运、发电为一体的综合利用工程。水坝南面是一个群山怀抱的人工湖，阿斯旺水坝所拦截的河水注入人工湖而形成水库，为阿斯旺水库，又叫纳赛尔湖。湖长超过 500km，蓄水量为 1689 亿 m³，是当时世界第一大人工湖泊。水电站总装机容量 210 万 kW，计划年发电量为 100 亿 kW·h。

图 3.8　尼罗河流域示意图

　　除水电开发外，尼罗河流域国家还有较大的灌溉需求和供水需求。尼罗河为大约 3 亿人提供了水源，而且流域内人口仍在快速增长。面对灌溉需求的增加，埃及与苏丹围绕水资源问题展开谈判。1959 年，双方签订了《1959 年全面利用尼罗河水协议》。该协议规定，对估算的 840 亿 m^3 的年径流量，埃及可利用 555 亿 m^3，约占可利用水量的 66%；苏丹可利用 185 亿 m^3，占可利用水量的 22%；剩余的约 100 亿 m^3 水量作为蒸发和入渗等过程的耗水量。然而，该协议仅有下游两国参与，完全没有考虑上游国家的用水需求。随着上游国家的社会经济发展，埃塞俄比亚等上游国家开发利用尼罗河上游水资源的需求日益迫切；但下游的埃及和苏丹仍然坚持 1959 年协议中规定的用水权利，并不断增加灌溉用水量以满足人口增长带来的粮食需求。因此，尼罗河上下游国家在水资源的分配上存在巨大争议。1999年，在多方的共同努力下，各国提出了"尼罗河流域倡议"，建立全流域的沟通协作机制，期望在未来建立覆盖全流域国家的合作机制。然而，该倡议发挥的作用比较有限，上下游国家始终未能在水资源分配上达成共识。直至 2010 年，尼罗河上游埃塞俄比亚等国家签署了《合作框架协议》，但却遭到了下游埃及和苏丹的反对。

2011 年，上游埃塞俄比亚宣布了"复兴大坝"这一大型工程的建设计划，其计划蓄水量为 740 亿 m^3，引起下游国家强烈不满，特别是埃及担心大坝修建会影响本国水资源使用份额和阿斯旺水坝的发电能力。埃及认为该工程建成后，埃及从尼罗河获得的水资源将减少 100 亿 m^3，阿斯旺水坝发电量将减少 18%左右。如果发生严重旱灾，埃塞俄比亚会先行蓄水，阿斯旺水库蓄水量则会显著减少，埃及将承受较大损失。此外，下游国家还担心大坝的安全问题，认为可能发生的溃坝会造成下游国家的灾难。

复兴大坝位于埃塞俄比亚尚古勒-古马兹州，邻近苏丹边境。2013 年 5 月，埃塞俄比亚政府宣布正式开始兴建，总耗资预计达 47 亿美元，将拥有 525 万 kW 的发电能力。复兴大坝将极大改善埃塞俄比亚电力缺乏的状况。为避免流域冲突升级，埃塞俄比亚、苏丹和埃及 3 个国家就此项工程开展评估和协商，于 2015 年签署了谅解备忘录和宣言。但在具体问题的磋商上，谈判进展十分缓慢。2019 年，埃及宣布三方谈判陷入僵局，要求国际社会介入调停。美国于 2019 年 11 月开始主持三方会谈，但埃塞俄比亚在谈判最后阶段宣布退出。2020 年 6 月，三方重启谈判，非洲联盟正式介入三方谈判。与此同时，复兴大坝工程进度逐渐推进，2020 年进行了第一阶段蓄水，埃及开始将谈判重心放在大坝后续的蓄水问题上。

总体来看，尼罗河上游的水库建设曾一度引起地区的紧张态势。但各国在争议过程中，始终保持克制，多次重启谈判，一直坚持用谈判的方法解决问题。期间下游埃及出现国内政局动荡，新政府对上游水库建设行为采取了克制态度，于 2015 年达成三方的原则宣言。当后续谈判陷入僵局时，国际组织和域外国家介入调停。随着上游水库工程的逐步推进，下游国家也发生了态度上的转变，从完全反对水库的建设转向对水库建成后运营的关注。

3.10　小　　结

本章对 8 个跨境河流水冲突与合作的典型案例进行了介绍，其基本信息总结于表 3.3。根据冲突与合作的类型划分，印度河和约旦河均面临水资源供需关系紧张的问题，随着人口增长和社会经济发展，各国间用水矛盾日益突出。在水资源稀缺的情况下，一国用水增加会直接影响另一国的可用水量，因此水资源的稀缺将直接导致这类流域出现冲突的可能性增加。各国希望通过合理的分水协议化解冲突，但往往对水权归属等持有不同的看法，为合作的达成增加了难度，在冲突升级时往往依赖国际社会调停。

表 3.3　跨境河流冲突与合作案例基本信息一览表

流域	主要涉及国家	冲突与合作类型	解决途径
印度河	印度、巴基斯坦	水量分配	签订条约、国际社会调停
约旦河	叙利亚、以色列、约旦、巴勒斯坦	水量分配	签订条约、国际社会调停
哥伦比亚河	美国、加拿大	水坝和水电站建设	签订条约、补偿机制
拉普拉塔河-巴拉那河	巴西、巴拉圭、阿根廷	水坝和水电站建设	签订条约、联合投资
莱茵河	瑞士、卢森堡、德国、法国、荷兰	水质和水生态	签订条约、流域机构
科罗拉多河和格兰德河	美国、墨西哥	水量分配、水质和水生态	签订条约、流域机构
咸海	吉尔吉斯斯坦、塔吉克斯坦、乌兹别克斯坦、土库曼斯坦、哈萨克斯坦	水量分配、水坝和水电站建设	签订条约、补偿机制
尼罗河	埃塞俄比亚、苏丹、埃及	水量分配、水坝和水电站建设	签订条约、国际社会调停

哥伦比亚河和拉普拉塔河-巴拉那河面临大坝和水电站建设的合作机遇与冲突风险。在上下游共享类型的哥伦比亚流域，上游水库的修建和合理调度能够显著提升全流域的总效益，下游国家获得了更大的防洪效益和发电效益，而通过补偿机制能够同时增加上游国家效益，因此达到双赢。在左右岸共享类型的拉普拉塔河-巴拉那河，水库建设为巴西和巴拉圭两国带来了大量的发电效益，同时促进了社会经济的发展，联合投资等机制保证了两国共建共享共治，体现了公平合理利用的原则。

莱茵河面临水污染和生态破坏的问题。莱茵河流域各国建立流域组织，围绕水质和生态保护签订若干条约。1986 年的污染事件成为流域治理的转折点，事件发生后，流域各国对水污染防治和生态保护的重视程度显著提升，流域组织和条约发挥起更加重要的作用。

科罗拉多河和格兰德河面临水量分配和水质水生态的问题。美国和墨西哥共同建立流域组织，确保流域组织有效发挥作用，使两国能够不断解决水量、水质等不同方面的问题。咸海流域涉及水量分配和水坝水电站建设的问题。苏联时期，上下游合作达成水资源能源互换机制。苏联解体后，互换补偿机制无法持续，上下游重新出现矛盾，新的水量分配和水库调度协议难以达成，咸海危机愈演愈烈。尼罗河涉及水量分配和水坝水电站建设的问题。一方面流域内水资源供需关系紧张，上下游面临水量分配的难题。另一方面，上游埃塞俄比亚的复兴大坝建设引起了下游国家的强烈反对，上下游合作进展缓慢，需要各方克制和国际社会调停。

总体上看，案例中的各流域均尝试签订条约或由部分国家签订条约。但条约是否得到所有国家认可、条约达成后能否有效执行，直接决定了跨境流域的合作能否达成。当条约或协定无法得到流域主要国家认可，或由于社会经济发展和外交关系变化部分国家不再遵守协定时，流域将会面临冲突的风险，如印度河、约旦河、咸海和尼罗河。在合作较为成功的哥伦比亚河、拉普拉塔河-巴拉那河、莱茵河、科罗拉多河和格兰德河，条约均能得到全流域国家认可并持续发挥有效约束。除签订条约外，各流域还出现了国际社会调停、补偿机制、联合投资、流域机构等手段。其中，当条约难以达成时，国际社会调停成为推进合作、管控冲突的重要手段。补偿机制和联合投资都是达成公平合理利用的有效手段，有利于流域各国共享利益，有助于达成合作。

第4章　跨境河流水资源管理相关
国际公约分析

4.1　导　　言

在跨境河流水资源开发利用实践中，流域上下游及不同利益方出于自身的立场，诉求有所不同。国际上围绕跨境河流水资源利用和保护的矛盾和争端日益突出，双边、多边和区域条约发展迅速，各种学说理论活跃。总体而言，跨境河流国际法律已呈现出成熟部门法所具备的基本法律特征。本章梳理并择要介绍已有的跨境河流相关国际规则和公约。

在已有的跨境河流公约中，《国际水道非航行使用法公约》（以下简称《水道公约》）是目前跨境河流领域最具影响力的国际公约，但其起草、联合国投票和主权国家批准等环节均经历了漫长而艰难的过程，尤其是投票和批准环节反映了复杂的地缘政治博弈形势。《水道公约》规定了跨境水资源开发利用的两项基本原则，即公平合理利用和不造成重大损害。对于不造成重大损害原则，上下游国家有不同的认知。尽管河流是单向的，但不是只有上游能够损害下游，事实上损害具有双向性。本章梳理《水道公约》起草投票过程，对基本原则和损害的双向性展开详细的阐述。

已有文献往往直观认定上下游国家对公平合理利用、不造成重大损害两项原则的认识不同，从而造成上下游国家对待水道公约的不同态度。本章对水道公约投票和缔约情况开展量化分析，并对典型流域的投票行为进行具体分析。这样的量化分析和具体分析，有助于更深刻地理解国际社会对跨境河流开发利用和管理基本原则的认识分歧，从而为提出促进跨境河流合作的理论和方法提供基础。最后，本章阐述在《水道公约》中明确互惠原则的重要意义。

4.2　跨境河流相关的国际规则和公约

跨境河流相关国家根据河流的自然功能而签订条约，规定了有关灌溉、捕鱼、航运的法律制度，成为早期的国际河流法。为促进国际水域的开发和管理，有关国家缔结了一定数量的区域和流域公约以及大量的双边、多边条约和协定。特别是 20 世纪 60 年代以来，随着社会经济和科学技术的发展，人们进一步意识到水资源是人类的共同财富，应当共同保护，进行综合开发、合理使用。针对跨境水资源的航行与非航行利用、环境保护与联合管理等问题，国际社会达成了一系列的国际公约及双边、多边条约和协定，为跨境河流的管理提供了理论基础，形成了一些可供借鉴的案例经验。跨境河流相关的国际公约及双边、多边条约和协定见表4.1，如《赫尔辛基规则》《跨界水道和国际湖泊保护和利用公约》《国际水道非航行使用法公约》等。

表4.1 跨境河流相关的国际公约及双边、多边条约和协定一览表

序号		名称	签约时间
国际公约或规则	1	《国际水道非航行用途的国际规则》	1911 年 4 月 27 日国际法学会海德堡会议通过
	2	《国际性可航水道制度公约及规约》	1921 年 4 月 20 日
	3	《关于涉及多国的水电开发公约》	1923 年 12 月 9 日
	4	《美洲国家关于跨境河流的工农业利用的宣言》（《蒙德维的亚宣言》）	1933 年 12 月 24 日第七届美洲国家会议通过
	5	《国际河流航行规则》	1934 年 10 月国际法学会巴黎会议通过
	6	《关于海峡制度的公约》	1936 年 7 月 20 日
	7	《多瑙河航行制度公约》	1948 年 8 月 18 日
	8	《关于国际水域的非航行利用的决议》	1961 年国际法学会萨尔斯堡会议通过
	9	《国际河流利用规则》（《赫尔辛基规则》）	1966 年国际法学会第 52 届大会通过
	10	《跨界水道和国际湖泊保护和利用公约》	1992 年 3 月 17 日联合国欧洲经济委员会签订于赫尔辛基
	11	《多瑙河保护与可持续利用合作公约》	1994 年 6 月 29 日
	12	《国际水道非航行使用法公约》	1997 年 7 月 8 日联合国第 51 届大会通过
	13	《莱茵河保护公约》	1998 年
双边、多边条约和协议定	1	《英国（加拿大）- 美国的边界水域条约》	1909 年 1 月 11 日
	2	《美利坚合众国与墨西哥合众国关于利用科罗拉多河、提华纳河及从得克萨斯州奎特曼堡到墨西哥湾的格兰德河（布拉沃河）河水的条约》	1944 年 11 月 14 日
	3	《印度河条约》	1960 年
	4	《印度河分水协议》（印度 - 巴基斯坦）	1960 年 9 月 19 日
	5	《关于合作开发哥伦比亚河水资源公约》（加拿大 - 美国）	1961 年 1 月 17 日
	6	《关于尼日尔河流域国家航行和经济合作条约》	1963 年 2 月 18 日
	7	《联邦德国、奥地利和瑞士关于从康斯坦茨湖取水的协定》	1964 年 4 月 30 日
	8	《乍得湖流域开发公约和规约》	1964 年 5 月 22 日
	9	《关于边界水域的水经济合作协定》（民主德国 - 波兰）	1965 年 3 月 11 日

续表

序号		名称	签约时间
双边、多边条约和协议定	10	《拉普拉塔河流域条约》	1969 年 4 月 23 日
	11	《关于跨境河流使用的阿松桑法案》	1971 年
	12	《科罗拉多河盐度国际问题的永久和最终解决方案》（墨西哥－美国）	1973 年 8 月 30 日
	13	《关于分享恒河水和增加径流量的协定》（孟加拉国－印度）	1977 年 11 月 5 日
	14	《亚马孙河合作条约》	1978 年 7 月 3 日
	15	《中华人民共和国政府和蒙古国政府关于保护和利用边界水协定》	1995 年 4 月 5 日
	16	《湄公河流域发展合作协定》	1995 年 4 月 5 日
	17	《关于在法拉卡分配恒河水的条约》（印度－孟加拉国）	1996 年 12 月 12 日
	18	《南部非洲发展共同体关于共享水道的修订议定书》	2000 年 5 月
	19	《关于中方向印方提供雅鲁藏布江－布拉马普特拉河汛期水文资料的实施方案》（中国－印度）	2002 年 4 月 14 日
	20	《关于水资源的柏林规则》	2004 年国际法协会柏林会议通过
	21	《中方向印方提供朗钦藏布江－萨特累季河汛期水文资料的谅解备忘录》	2005 年 4 月 11 日
	22	《中华人民共和国水利部和孟加拉人民共和国水利部关于中方向孟方提供雅鲁藏布－布拉马普特拉河汛期水文资料的谅解备忘录》	2008 年 9 月 16 日

《赫尔辛基规则》于 1966 年 8 月在芬兰首都赫尔辛基举行的第 52 届国际河流水资源使用大会上通过。《赫尔辛基规则》不是国际公约，无法律效力，但它界定了跨境水资源的概念，并提出了国际流域的水资源应遵循公平合理利用和不造成重大损害的原则，逐渐成为流域国家开展跨境水资源谈判的重要参考依据，也为有关国际公约的制定奠定了基础。

《跨界水道和国际湖泊保护和利用公约》是由联合国欧洲经济委员会发起的区域性国际公约，1992 年 3 月通过表决，1996 年 10 月生效，是目前影响力最深远和适用最广泛的跨境河流公约。2003 年 11 月 28 日，公约经修订后"准予非欧经委成员国或区域组织加入公约"，公约修订案已于 2012 年 2 月 6 日生效，公约朝着发展成为全球性公约的目标迈进。

《国际水道非航行使用法公约》于 1997 年联合国大会投票表决通过。联合国当时有 185 个会员国，52 国缺席。在参与投票的 133 国中，有 103 个国家投赞成票，27 国弃权，3 国投反对票（布隆迪、中国和土耳其）。该公约于 2014 年达到了所需的 35 个缔约国的条件而生效（但截至 2021 年 7 月，缔约国仅 37 个）。依据条约法，《跨界水道和国际湖泊保护与利用公约》和《国际水道非航行使用法公约》仅对缔约方具有法律约束力。

随着跨境河流相关的国际法规、公约的不断发展，虽然各国对其的理解不尽相同，但公平合理利用和不造成重大损害等基本原则已逐步成为多数国家在处理跨境河流事务时普遍遵循的基本原则，并逐步成为跨境河流国际法律的基石。总体上看，全球及区域性跨境水公约进展缓慢，双边、多边及流域性跨境河流涉水条约和协议则发展迅速，并普遍遵循公平合理利用、不造成重大损害、国际合作、友好协商解决争端等原则。在对水资源分配等具体且敏感问题缺乏广泛认同的标准的情况下，基于上述框架性原则的双边、多边条约既能为跨境河流流域国家提供沟通磋商的依据，又能暂时规避水量分配标准、跨境损害责任、生态补偿等问题引发的矛盾。各国在双边、多边跨境水条约制定以及对跨境河流管理和合作的实践，都在推动上述原则向习惯国际法的方向发展。

跨境地下水含水层作为跨境水资源的重要组成部分，也逐步引起了关注。《跨境含水层法（草案）》是联合国国际法委员会在"共有自然资源"领域国际立法最重要的成果之一，它确认了含水层国对位于其领土范围内跨境含水层的主权。草案对权利和义务的规定总体平衡，是对跨境河流国际法律的丰富和发展。2008 年第 63 届联合国大会和 2011 年第 66 届联合国大会两次审议该草案，目前正在进一步研究完善中。但由于地下水方面的相关合作相对滞后，且缺乏数据支撑，目前国与国之间在此领域的合作案例相对较少。

4.3 《国际水道非航行使用法公约》起草、投票与批准情况

《国际水道非航行使用法公约》（以下简称《水道公约》）是目前跨境河流领域最具影响力的国际公约。《水道公约》吸收了国际法关于跨境河流问题的有关表述，旨在为跨境河流的公平和合理的管理、可持续利用和保护提供宏观指导，提供国家之间开展河流规划及解决争端的原则。从 1959 年开始启动法案的相关研究，到 2014 年生效，《水道公约》经历了漫长的历程，这也反映了跨境河流合作是涉及政治和技术因素的复杂问题。1959 年，联合国大会第 1401 号决议呼吁"开展跨境河流利用和保护中涉及的法律问题初步研究，以决定是否需要制定国际公约"。1966 年，国际法协会制定了《赫尔辛基规则》，奠定了国际公约的基础。1970 年，联合国通过了《逐步推进跨境河流国际公约编制进程》第 2669 号决议，并在此后由联合国国际法委员会牵头启动《水道公约》文案的草拟工作。1997 年，联合国大会的第 51/229 号决议在 103 国赞成、3 国反对、27 国弃权、52 国缺席的条件下通过了《水道公约》。2014 年，《水道公约》终于达到了满足 35 个缔约国的生效条件而正式生效（投票和批准生效的国家详见表 4.2 及图 4.1），这距 1959 年联合国第 1401 号决议启动委托研究已有 55 年之久，距国际法协会起草《赫尔辛基规则》48 年，距 1970 年联合国第 2669 号决议 44 年，距国际法协会开始起草《国

际水道非航行使用法公约》43 年，距 1997 年联合国第 51/229 号决议通过该公约 17 年。

表 4.2　联合国成员国对《水道公约》的投票和批准结果

投赞成票的国家（共 103 个，其中缔约国 24 个）			
阿尔巴尼亚	芬兰*	卢森堡*	萨摩亚
阿尔及利亚	加蓬	马达加斯加	圣马力诺
安哥拉	格鲁吉亚	马拉维	沙特阿拉伯
安提瓜和巴布达岛	德国*	马来西亚	塞拉利昂
亚美尼亚	希腊*	马尔代夫	新加坡
澳大利亚	圭亚那	马耳他	斯洛伐克
奥地利	海地	马绍尔群岛	斯洛文尼亚
巴林	洪都拉斯	毛里求斯	南非*
孟加拉国	匈牙利*	墨西哥	苏丹
白俄罗斯	冰岛	密克罗尼西亚	苏里南
博茨瓦纳	印度尼西亚	摩洛哥*	瑞典*
巴西	伊朗	莫桑比克	叙利亚*
文莱萨	爱尔兰*	纳米比亚*	泰国
布基纳法索*	意大利*	尼泊尔	哈萨克斯坦
柬埔寨	牙买加	荷兰*	特立尼达和多巴哥
喀麦隆	日本	新西兰	突尼斯*
加拿大	约旦*	挪威*	乌克兰
智利	肯尼亚	阿曼	阿拉伯联合酋长国
哥斯达黎加	科威特	巴布亚新几内亚	英国*
科特迪瓦*	老挝	菲律宾	美国
克罗地亚	拉脱维亚	波兰	乌拉圭
塞浦路斯	莱索托	葡萄牙*	委内瑞拉
捷克	利比里亚	卡塔尔*	越南*
丹麦*	利比亚*	韩国	也门
吉布提	列支敦士登	罗马尼亚	赞比亚
爱沙尼亚	立陶宛	俄罗斯	
投反对票的国家（共 3 个，无缔约国）			
布隆迪	中国	土耳其	
投弃权票的国家（共 27 个，其中缔约国 3 个）			
安道尔	古巴	印度	巴拉圭
阿根廷	厄瓜多尔	以色列	秘鲁

续表

投弃权票的国家（共27个，其中缔约国3个）			
阿塞拜疆	埃及	马里	卢旺达
比利时	埃塞俄比亚	摩纳哥	西班牙*
玻利维亚	法国*	蒙古	坦桑尼亚
保加利亚	加纳	巴基斯坦	乌兹别克斯坦*
哥伦比亚	危地马拉	巴拿马	

缺席投票的国家（共52个，其中缔约国7个）			
波斯尼亚和黑塞哥维那	圣多美和普林西比	科摩罗	帕劳
中非	塞舌尔	朝鲜	圣基茨岛和尼维斯
乍得*	索马里	刚果民主共和国	圣卢西亚
刚果共和国	多哥	多米尼加	圣文森特和格林纳丁斯
多米尼加	瓦努阿图	萨尔瓦多	塞内加尔
赤道几内亚	南斯拉夫	厄立特里亚	所罗门群岛
冈比亚	阿富汗	斐济	斯里兰卡
格林纳达	巴哈马	几内亚	斯威士兰
几内亚比绍*	巴巴多斯	黎巴嫩*	塔吉克斯坦
伊拉克*	伯利兹	毛里塔尼亚	马其顿
吉尔吉斯斯坦	贝宁*	缅甸	土库曼斯坦
尼加拉瓜	不丹	尼日尔*	乌干达
摩尔多瓦	佛得角	尼日利亚*	津巴布韦

＊缔约国。黑山共和国也是缔约国，但是1997年投票时该国还不存在。本表统计缔约国截至2014年8月31日，以下分析均以此为依据。

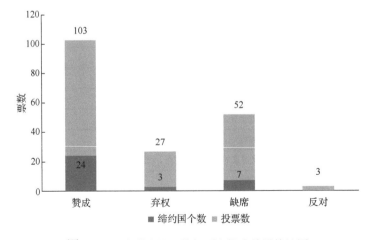

图 4.1　《水道公约》的投票和批准结果统计图

对《水道公约》投反对票的 3 个国家是布隆迪、土耳其和中国，均是上游国家。布隆迪位于尼罗河和刚果河的上游，土耳其位于幼发拉底河与底格里斯河的上游，中国则处于澜沧江-湄公河、怒江-萨尔温江、雅鲁藏布江-布拉马普特拉河与恒河、印度河等大型跨境河流的上游。

中国常驻联合国代表团高风参赞在表决《国际水道非航行使用法公约》后发表的解释性发言中指出，通过的公约草案在一些重要条款上存在着明显缺陷。公约草案不能代表和反映各国的普遍协议，相当一些国家对主要条款存在较大的分歧。公约草案附有 9 项解释性声明，这在国际立法实践中是少见的，且解释性声明在条约中的效力是令人怀疑的；领土主权原则是国际法的一项基本原则，水道国对流经其领土的国际水道部分享有无可争辩的领土主权，而公约却未能在条款中予以确认，这是令人费解和遗憾的；公约草案对国际水道上、下游国权利和义务的规定显失平衡，这不仅不利于各国对公约的普遍接受，而且会使公约难于执行；根据《联合国宪章》第 33 条，国家有权自由选择解决争端的方法和程序，而公约规定的强制性事实调查方法和程序违反了宪章的规定。中国政府主张通过协商和以和平方法解决一切争端，也不反对任择性强制事实调查的方法和程序，但是不能同意不经争端国同意就强制性地诉诸任何解决争端的方法和程序。因此，中国政府对整个公约投反对票（对公约第 5 条、第 6 条、第 7 条和第 33 条投反对票），并保留根据有关国际习惯法和双边水道协定与邻国公平合理地处理非航行使用国际水道问题的权利。

4.4 《水道公约》基本原则和损害的双向性

《水道公约》旨在以最佳和可持续的方式，开发、利用、节约、保护跨境河流水资源，既满足当前需求，又能着眼长远。此外，《水道公约》也为流域国开展合作、解决争端提供可参考的模式。《水道公约》的第二部分——"一般原则"，包括"公平合理利用和参与"（第 5 条）、"不造成重大损害的义务"（第 7 条）、"一般合作义务"（第 8 条）等主要条款。在《水道公约》的第三部分——"计划采取的措施"中规定，流域国有特定的义务就可能对其他国家产生重大不利影响的方案与有关国家相互交换信息并在必要时进行协商（第 11 条、12 条），通报具体做法参见第 12～19 条。

《水道公约》最重要的两个基本原则是公平合理利用和不造成重大损害。就公平合理利用原则而言，上下游国家均认为水资源是一种自然资源，认为根据公平合理利用的原则进行开发是其应有的权利。很明显，只有通过谈判才能实现对水资源公平合理的开发及利益共享的合作。

但对于不造成重大损害原则以及公约第 12 条由"计划采取的可能造成不利影响的措施"所提到的通知要求,上下游国家的认识并不一致。很多处于跨境河流下游特别是在冲积平原地区的国家,得益于靠近大海,对水资源的开发历史往往较长,在灌溉、城市开发和经济发展等方面均领先于上游国家或地区。在大多数情况下,下游国家在开发利用水资源时未曾通知上游国家,而上游国家也有水电开发、供水等客观需求。下游国家可能会强调其既得的用水权益,要求上游国家就可能对下游产生影响的开发活动提前通知下游并进行必要的协商,而上游国家会认为这些要求不合理而加以拒绝,因而无法实现有效的流域合作。

直观来看,因为河流的水流是单向的,所以人们往往也会认为,"不造成重大损害"中的"损害"也是单向的,即只有上游损害下游,除非下游的影响确实在上游体现出来了。由此产生的后果是,国际水法也被误以为只要求上游就可能对下游产生影响的工程进行协商,而下游无须对上游担负相应的义务。实际上,这是对《水道公约》基本原则的误解。据世界银行资深专家也是《水道公约》编撰法律专家之一的 Salman(2010)指出,在跨境河流方面,上下游国家应该承担对等的责任和义务。下游国家也会对上游国家造成"重大损害",即可能通过锁定早期对水资源单方面开发取得的既得权益并以此限制上游国家的开发,而排除上游国家对水资源合理开发利用的权利,这就是"下游排除上游未来使用权"的概念:下游国家在早期开发时不与上游国协商,但却在后期宣称上游国家未来的开发可能对下游的既得权益产生损害,因此不予接受。上游对下游在水文情势、泥沙、水质等方面的影响是直观和显性的;与此相反,下游国排除上游国未来使用权的影响是地缘政治层面(如果上游最终实施了开发则影响国家间关系)和经济层面的(如果上游妥协放弃开发则影响本国经济发展)。可以将跨境河流开发利用过程中可能对下游造成损害也可能对上游造成损害的事实称之为"损害的双向性"。"损害的双向性"是指,上游国家在水文情势、泥沙、水质等方面会对下游国家产生影响,下游国家也可能通过锁定早期对水资源单方面开发取得的既得利益并以此限制上游国家的开发,而排除上游国家对水资源的合理开发利用权力。

4.5　有关国家投票及缔约行为的量化分析

《水道公约》投票和批准的过程是漫长的。公约在 1997 年联合国大会投票时有 3 国反对、27 国弃权、52 国缺席;同时,尽管在投票环节有 103 个国家投了赞成票,但在随后的 17 年(截至 2014 年)间,仅有 35 个国家批准加入了公约,约为联合国成员国的五分之一。《水道公约》投票和批准过程的复杂性显示了国际社会对公约规定的基本原则还缺乏广泛的共识。本研究认为,这种认识上的分歧点在于"损害"是"单向性"还是"双向性"。如前所述，从自身利益出发，上游国家认同"损害双向性"的概念而下游国家则坚持"损害单向性"的观点，而《水道公约》缺乏对"损害双向性"的明确阐述，导致国际社会对公约基本原则尚未达成广泛而深度的共识。国际社会的这种考量具有地缘政治特征，本研究将应用水资源的数据对上述分析进行量化解释。

一个国家在跨境河流中的位置属性是十分复杂的。首先，投票的主权国家可能没有跨境河流，也可能处于一个或多个跨境河流流域，其在某条跨境河流处于上游，而在其他河流又可能处于中游或下游，例如，博茨瓦纳处于奥卡万戈河下游、赞比西河中游、奥兰治河下游。其次，跨境河流流经不同国家的边界，不同的河段可能有不同的国家。为量化分析一个国家对《水道公约》的总体态度，采用跨境河流水资源流入和流出一个国家的总量作为该国家在流域中综合地理位置的评价指标。

采用联合国粮食及农业组织（简称联合国粮农组织，Food and Agriculture Organization of the United Nations）水资源与农业信息系统（FAO's information system on water and agriculture，简称 AQUASTAT）数据库（FAO，2015）中的两个指标。第一个指标是联合国粮农组织定义的水资源入境率（DR），即一国水资源总量中从境外获取的水量占比。

$$DR = (W_{is} + W_{ig}) / (W_{is} + W_{ig} + W_r) \times 100\% \tag{4.1}$$

式中：W_{is} 表示地表水入流量；W_{ig} 表示地下水入流量；W_r 表示国内可再生水资源总量。

第二个指标是水资源出境率（OR），即一国流入邻国的水量占该国总水量的比例，其中总水量为国内可更新水资源总量与流入邻国水量之和。对于河流最下游的国家，流入海洋（或其他终点，如湖泊）的水量不算作流出本国的水量（因为它们流入本国领土内的水域），因而水资源出境率为零。该指标可通过 FAO 的 AQUASTAT 指标计算得出。

$$OR = (W_{os} + W_{og}) / (W_{os} + W_{og} + W_r) \times 100\% \tag{4.2}$$

式中：W_{os} 表示地表水出流量；W_{og} 表示地下水出流量；W_r 表示国内可更新水资源总量。

水资源入境率和水资源出境率这两个指标可以表明一个国家总体来讲是处于跨境河流的上游还是下游。进一步，定义跨境河流水资源净入境率指标 NIW，如下式所示：

$$NIW = DR - OR \tag{4.3}$$

跨境河流水资源净入境率为负值意味着一国主要为上游国（即跨境水资源净流出），而跨境河流水资源净入境率为正值意味着一国主要为下游国（即跨境水资源净流入）。需要注意一点，地下水的入流量和出流量是很难估测的，但由于地下水的流动一般很缓慢，FAO 对入流和出流数据的评估表明，在几乎所有国家跨境地下水在整个跨境水中的作用微乎其微。因此，本研究忽略地下水资源可能对分析造成的误差。

值得注意的是，跨境河流水资源净入境率并不是某个河道或流域的指标，而是一国在所有共享水域流域国中整体定位的指标。在不同流域中，该国可能是上游国、中游国或下游国。例如，巴西在拉普拉塔河两大主要支流（巴拉圭河和巴拉那河）的上游，但是在另一条更重要河流亚马孙河（拥有世界最大流量的河流）的下游，整体上其跨境河流水资源净入境率为 27.8。这些综合因素会影响投票行为。事实上，巴西对《水道公约》投赞成票。

基于水资源净入境率指标可以就一个国家对公约的投票、批准行为与其地理位置进行关联分析。本研究采用两种分析方法。第一种方法是对跨境河流流域内所有国家开展地理位置与其投票模式的关联性分析，以期从总体上量化解释《水道公约》投票和批准行为的地缘政治考量。但这种方法面临许多挑战，不仅跨境河流相关的地缘政治行为太复杂而难以分析，而且这些挑战除了地理位置外还有其他挑战，比如更复杂的国际关系考量、沿河国家国际水问题的政治化、缺乏翔实有用的基础数据等。第二种方法是对具体流域进行分析，详细分析具体跨境流域的投票模式，考虑流域内各国地理位置、政治因素（如联盟*和争议）以及这些国家在其他跨境河流流域的地理位置和相关性，可以排除一些已知因素的干扰，对结果进行更为明确的解释，这种分析方法详见 4.6 节。

表 4.3 展示了 1997 年对《水道公约》投赞成、缺席、弃权和反对票的数据与 NIW 值。

表 4.3　《水道公约》投票情况与 NIW 值（所有联合国成员国）

投票类型	票数	NIW 均值	NIW 标准差
赞成	103	-0.2	40.2
缺席	52	-2.5	43.7
弃权	27	-10.4	50.9
反对	3	-31.5	8.5

表 4.3 显示，从 NIW 均值分析可以看出，当时在全球 185 个联合国成员国中，上游国对《水道公约》的态度主要是纠结或反对，极少赞成或弃权。这支持了一种假设，即下游国一般认为联合国《水道公约》的条款利于他们的利益，而上游国则持相反的观点，这与定性判断结果一致。该结果来自于与尼罗河、幼发拉底河与底格里斯河、雅鲁藏布江-布拉马普特拉河与恒河、澜沧江-湄公河等多个流

---

* 本书所述"联盟"为合作博弈研究中的常用术语，英文 coalition，而非政治、军事和外交上的结盟，全书同。

域相关决策者交流得到的信息。大多数信息显示，对计划实施的"通知"被解读为仅是上游国家而不是下游国家的义务。同时，投反对票国家的 NIW 标准差较小，也可说明反对票更集中来自上游国家。尽管受地缘政治复杂性和数据不充足的影响，从分析中依然反映这一假设的可靠性：下游国支持《水道公约》，而上游国则反对。

　　表 4.3 呈现的结果可能受到一批已经受约束于 1997 年《水道公约》之前的国际水协定的国家的潜在干扰。这些协定包括《欧盟水框架指令》(the European Union Water Framework Directive，EU-WFD)，对 28 个国家有约束力；1992 年（1996 年生效）联合国欧洲经济委员会《跨界水道和国际湖泊保护和利用公约》(又称《欧经委跨境水公约》，United Nations Economic Commission for Europe-Water Convention，UNECE-WC)，对 40 个国家有约束力，其中 22 个国家是欧盟成员国；1995 年南部非洲发展共同体（简称南共体）的协定书（Southern African Development Community-Protocol，SADC-P）涉及跨境河流的内容，对非洲南部的 12 个国家有约束力。一共 52 个国家受这些协定的约束，其中每个协定都受国际组织的支持，要求对跨境河流采取协同行动。很重要的一点是，非成员国并不受此约束，例如坦桑尼亚是南共体（Southern African Development Community，SADC）的成员国，其也是尼罗河流域重要的上游国，而该流域内其他 10 国则不受南共体关于跨境河流合作协定的约束。表 4.4 显示《欧经委跨境水公约》和南共体关于跨境河流的合作协定中的关键要素与《水道公约》高度一致。

表 4.4　UNECE-WC 和 SADC-P 关键原则摘录

条约	摘录
UNECE-WC 关于平等合作的阐述	"沿河国家应在平等互惠的基础上加强合作，尤其是通过双边和多边协定，以开发覆盖相关流域或者其中一部分的协调政策、规划和策略，预防、控制和减少跨境影响"[条款 2，总规定 6]
SADC-P 关于合作、信息交流和跨境合作的阐述	"对所有可能对水道系统整体有影响的项目的研究和落实进行紧密合作"[条款 2(4)]；"现有信息和数据的交换"[条款 2(5)]；"以公平方式使用共享水道系统"[条款 2(6)]；"有关成员国的社会经济需求"需纳入共享水道利用的考虑范畴 [条款 2(7.b)]

　　由于欧盟成员国受《欧盟水框架指令》和《欧经委跨境水公约》约束，他们对《水道公约》投票支持的比例明显高于非欧盟成员国。24 个欧盟成员国平均 NIW 值为 3.3，对《水道公约》投了赞成票，总体行为表现出下游国的属性，这与非欧盟国家所表现的情况不太一样。相反，投弃权票的 4 个欧盟成员国平均 NIW 值为-34.5，表明他们是明显的上游国家，在一定程度上与投反对票的非欧盟成员国的立场相似。事实上，欧盟已有的协定使《水道公约》对于欧洲国家的影响不明显。即便没有这些协定，欧洲大多数国家已受益于其广泛的水资源开发，不会再受严重水短缺的影响，跨境河流对欧盟国家的影响远不如其他欠发达地区。因此将来很有可能出现的情况是，欧盟全体国家在投票方面采取更加协调一致的行动。

综合分析，由于欧盟、联合国欧经委以及南共体的水协定有与《水道公约》相对应的核心原则和相关机构，这为理解《水道公约》的原则和要求打下良好基础。因此，本研究排除了欧盟、联合国欧经委以及南共体成员国，重新进行了 NIW 值的分析计算，结果见表 4.5。表 4.5 的结果比表 4.3 更为清晰：投赞成票国家集中在下游（NIW 均值比表 4.3 变大且出现正值，NIW 标准差比表 4.3 变小），而投反对票的国家集中在上游。

表 4.5　《水道公约》投票情况和 NIW 值（去除已有相关协定国家）

投票类型	票数	NIW 均值	NIW 标准差
赞成	62	0.7	34.8
缺席	46	0.4	43.2
弃权	21	-5.7	54.7
反对	3	-31.5	8.5

《水道公约》在投票 17 年后生效。但是在赞成《水道公约》的 103 个国家中，截至 2014 年只有 24 个国家批准了该公约。其他批准的国家中，1997 年对《水道公约》投票时有 3 个弃权、7 个缺席（其中黑山共和国在 2006 年独立）。由此可以认为，原来投票赞成而之后未能批准《水道公约》的国家，是因为对公平合理利用的权利和不造成重大损害的义务之间关系的纠结。基于对批准国在其所有跨境河流的综合地理位置的总体分析，显示出主要的批准国在下游（21 国），还有 3 个国家无跨境河流，7 个位于上游，4 个大致位于中游。上游国家仍旧无意加入《水道公约》，美洲国家无一加入。已批准的国家中明显缺乏世界上跨境河流较多的国家，如美国、俄罗斯、印度、巴西和中国等。

表 4.6 清晰表明，下游国批准该公约的趋势比 1997 年投票赞成趋势更加明显。在使《水道公约》生效的 35 个批准国中，15 个（43%）属于欧盟国家，2 个（6%）属于南共体的国家。在分析中排除欧盟国家后得到更大的 NIW 值，说明批准国趋向下游的形势。

表 4.6　《水道公约》批准国的 NIW 值

国家	NIW 均值	NIW 标准差
所有国家（35 个） 贝宁、布基纳法索、乍得、科特迪瓦、丹麦、芬兰、法国、德国、希腊、几内亚比绍、匈牙利、伊拉克、爱尔兰、意大利、约旦、黎巴嫩、利比亚、卢森堡、摩洛哥、纳米比亚、荷兰、尼日尔、尼日利亚、挪威、葡萄牙、卡塔尔、南非、西班牙、瑞典、叙利亚、突尼斯、英国、乌兹别克斯坦、越南、黑山（无数据）	3.9	39.0
排除欧盟国家（20 个） 贝宁、布基纳法索、乍得、科特迪瓦、几内亚比绍、伊拉克、约旦、黎巴嫩、利比亚、摩洛哥、纳米比亚、尼日尔、尼日利亚、卡塔尔、南非、叙利亚、突尼斯、乌兹别克斯坦、越南、黑山（无数据）	4.7	45.6

注：无数据指无法获取该国的计算指标。

欧盟成员国中批准《水道公约》的数量比例偏高，这可能与已有的《欧盟水框架指令》和欧盟国家成为被游说的特定目标都有关系。事实上，世界自然基金会在游说主权国家批准该公约中发挥了重要作用（WWF，2011）。世界自然基金会在相关声明中强调了《水道公约》和欧盟水框架指令法规间的协调性以及《水道公约》对欧盟国家最低限度的法律影响（WWF，2011）。没有证据表明这种游说活动考虑了相关关键国家不参与《水道公约》的缘由和关切，《水道公约》在没有主要上游国家参与的情况下生效了。尽管该公约已正式通过，然而由于批准国家数量有限，该公约的真正影响力及其是否能够有效使用受到质疑。由于批准公约的主要国家（如欧盟国家）之间已经同意以合作互惠原则来开展合作，致使非批准公约国家对《水道公约》可能有了更长久的误解，这可以从上游国家对批准公约表现出的疏远态度看出来。

通过对比与联合国所有成员国 NIW 均值的差别，可以凸显下游国（NIW 均值为 3.9）批准《水道公约》的趋势。联合国所有成员国的 NIW 均值为-2.7，所有共享陆地边界的国家（去除岛国）的 NIW 均值为-3.3，未批准《水道公约》国家的 NIW 均值为-4.3。这些数据清晰表明，批准国家明显具有下游属性。

量化分析的整体结论是，一国流入其他国家的水量越大，即典型的上游国家，其不支持《水道公约》的可能性越大。统计分析中不可避免存在一定噪声影响，下面将针对具体流域进行详细分析，以进一步揭示主要跨境河流流域上述趋势的明显程度。

4.6　典型流域《水道公约》投票行为的分析

选择全球主要跨境流域进行分析，可进一步为《水道公约》的支持和批准行为受流域国地理位置影响提供证据。所选择的流域为全球所有拥有 4 个及以上流域国的跨境流域，在计算流域国的数量时扣除了占流域面积小于和等于 1%的国家、存在流域性组织但未被列为流域国的国家和在传统上未被列为流域国的国家。据此，本研究确认了 24 个符合条件的流域，其中有 9 个流域无任何流域国赞成《水道公约》。趋势表明，上游国家不愿意加入《水道公约》，下游国家则更有可能支持和批准该条约。其中 12 个流域的上述趋势比较清晰，有 2 个流域不适用于下游支持/上游反对的假设，还有 10 个流域虽不能清晰适用于该假设，但可以清晰地解释其原因。本节分析的 24 个跨境流域的流域国人口占全球总人口的 76%。

　　24 个流域中，有 12 个显示出相对清晰的趋势，即在投票和批准中一个到两个环节里呈现下游支持、上游反对的趋势。这种统计趋势可以在图 4.2—图 4.13 中得到直观展示。不同的流域在跨境河流的水文特性和地理特性方面各有特点，但在每个流域仍可以看出支持/反对态度与地理位置的关系。这种趋势为理解上游国家不支持公约的原因提供了依据，并可以归因到上下游对公约权利义务规定的认识分歧上。

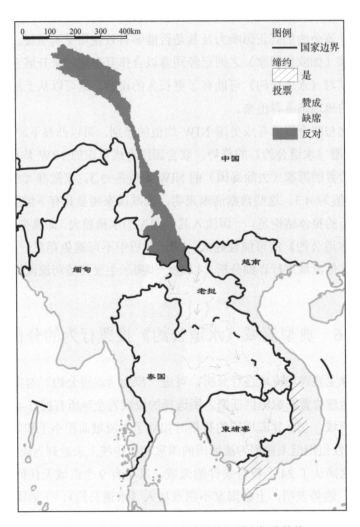

图 4.2　澜沧江-湄公河流域国的投票和批准趋势

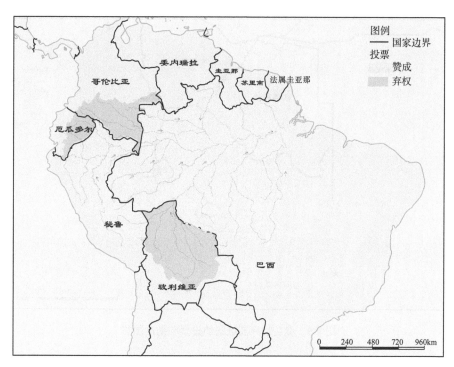

图 4.3　亚马孙河流域国的投票和批准趋势

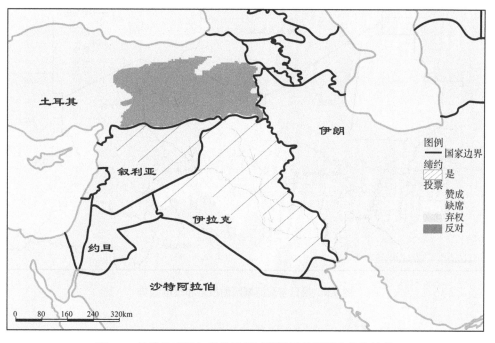

图 4.4　幼发拉底河与底格里斯河流域国的投票和批准趋势

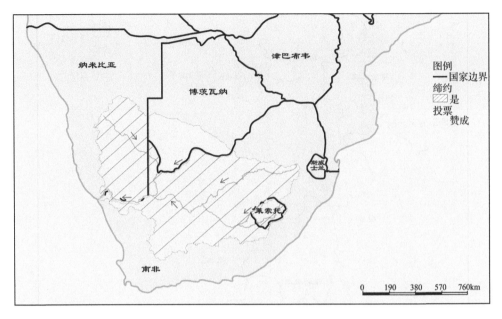

图 4.5 奥兰治河流域国的投票和批准趋势

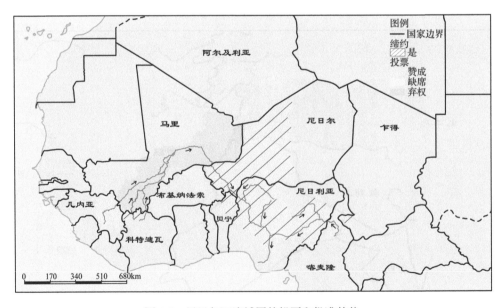

图 4.6 尼日尔河流域国的投票和批准趋势

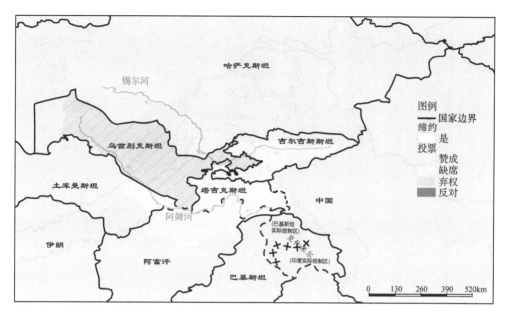

图 4.7　咸海流域国的投票和批准趋势

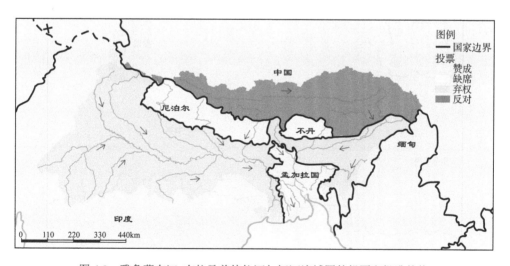

图 4.8　雅鲁藏布江-布拉马普特拉河与恒河流域国的投票和批准趋势

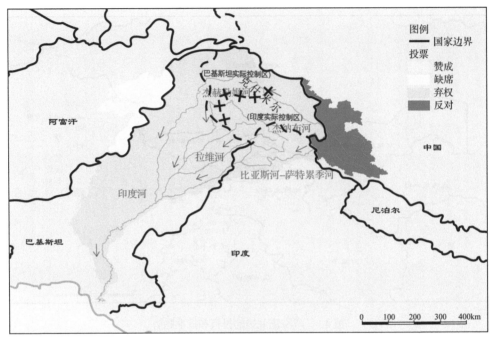

图 4.9　印度河流域国的投票和批准趋势

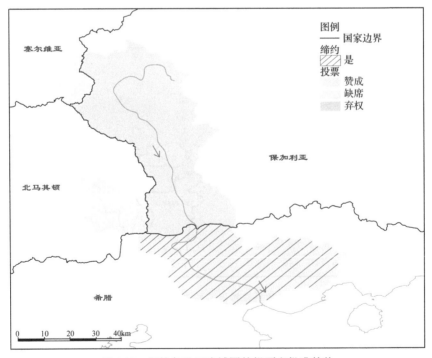

图 4.10　斯特鲁马河流域国的投票和批准趋势

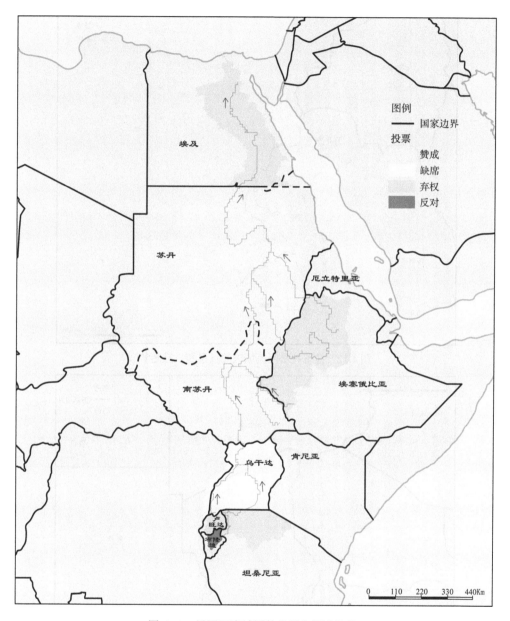

图 4.11　尼罗河流域国的投票和批准趋势

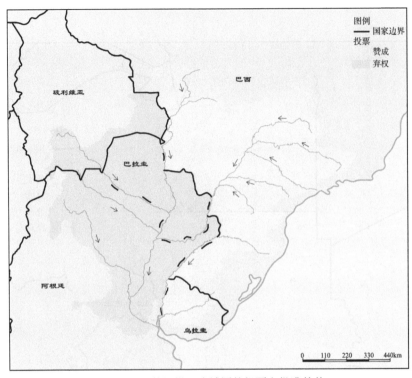

图 4.12　拉普拉塔河流域国的投票和批准趋势

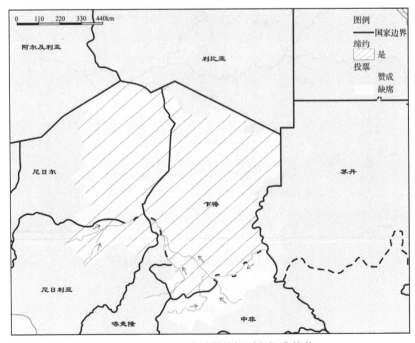

图 4.13　乍得湖流域国的投票和批准趋势

图 4.2—图 4.13 展示了 12 个流域的地图（资料来源为美国地质勘探局 HydroSHEDS2006—2008），以及现存的 1997 年投票的所有流域国（1997 年以后独立的南苏丹及巴尔干国家，图中未列出）。为确保地图原始数据的完整性和真实性，地图中包括了那些占流域面积 1%以下的国家（Wolf，1999）。由于这一部分面积对水文方面的影响甚微（如幼发拉底河与底格里斯河流域的沙特阿拉伯，乍得湖流域的阿尔及利亚和利比亚，雅鲁藏布江-布拉马普特拉河与恒河流域的缅甸，印度河流域的尼泊尔等），因此在相关案例的具体分析中排除这些国家的假设是可以成立的。以下的分析是按照流域逐个进行的，在一些案例中，某个特定的国家可能处于两个或更多的流域，其投票行为会受到在对其最重要的流域内地理位置的影响。

澜沧江-湄公河流域的趋势表明，位于跨境河流上游的中国反对《水道公约》，缅甸可能出于其他的地缘政治原因而缺席，其他的下游国家越南、泰国、老挝、柬埔寨均投了赞成票，目前只有位于最下游的越南最终批准了该公约，如表 4.7 所示。

表 4.7　澜沧江-湄公河流域国的投票情况

国家	面积/1000km²	面积占比/%	投票	缔约
老挝	198.0	25	赞成	否
泰国	193.0	25	赞成	否
中国	171.7	22	反对	否
柬埔寨	158.4	20	赞成	否
越南	38.2	5	赞成	是
缅甸	27.6	3	缺席	否

亚马孙河是对世界环境最重要的跨境河流，占全球河流水资源量的 20%，其流域国无一批准《水道公约》。在 1997 年投票时，上游国家玻利维亚、哥伦比亚和厄瓜多尔均弃权，而中下游的秘鲁和巴西均投赞成票，如表 4.8 所示。

表 4.8　亚马孙河流域国的投票情况

国家	面积/1000km²	面积占比/%	投票	缔约
巴西	3670.3	62	赞成	否
秘鲁	956.5	16	赞成	否
玻利维亚	706.7	12	弃权	否
哥伦比亚	367.8	6	弃权	否
厄瓜多尔	123.8	2	弃权	否

续表

国家	面积/1000km²	面积占比/%	投票	缔约
委内瑞拉	40.3	1	赞成	否
圭亚那	14.5	<1	赞成	否
苏里南	1.4	≪1	赞成	否
法属圭亚那	0.03	≪1	—	否

　　幼发拉底河与底格里斯河流域的例子表明了有关国家对《水道公约》较为清晰的行为，如表 4.9 所示。主要的上游国土耳其投反对票；伊朗和叙利亚（土耳其下游）是产水量较少的上游国，均投赞成票；伊拉克缺席投票。后来，叙利亚和下游的伊拉克批准了该协议，这与两国跨境水净流入的现状相符合。

表 4.9　幼发拉底河与底格里斯河流域国的投票情况

国家	面积/1000km²	面积占比/%	投票	缔约
伊拉克	319.4	40	缺席	是
约旦	2.0	≪1	赞成	是
叙利亚	116.3	15	赞成	是
伊朗	155.3	20	赞成	否
土耳其	195.7	25	反对	否
沙特阿拉伯	0.09	≪1	赞成	否

　　奥兰治河流域由 4 个南共体成员国组成（大多数流量来自于莱索托河）。尽管各国都是南共体成员国，但它们对公约的态度进一步说明了水文状况决定流域国的投票和批准行为。尽管这 4 个国家都投了赞成票，但迄今只有两个下游国家南非和纳米比亚批准了该公约，如表 4.10 所示。

表 4.10　奥兰治河流域国的投票情况

国家	面积/1000km²	面积占比/%	投票	缔约
博茨瓦纳	121.3	13	赞成	否
莱索托	19.9	2	赞成	否
纳米比亚	239.5	25	赞成	是
南非	563.2	60	赞成	是

　　尼日尔河流域的两个主要上游国几内亚和马里没有签订公约，分别选择缺席和弃权，均未批准该公约。主要的下游国家尼日尔（主要依赖外部水流）和尼日利亚都缺席了最初的投票，但随后均批准了该公约，符合本书提出的模式。其他的沿岸国家贝宁（缺席）、布基纳法索（赞成）、科特迪瓦（赞成）、乍得（缺席）

均批准了该公约，但这些国家都对本流域贡献很小，且有在其他跨境流域的综合考量。阿尔及利亚对尼日尔河的水量贡献很小，也投了赞成票。喀麦隆位于主要的贝努埃州支流上游，也投了赞成票，但尚未批准该条约，如表 4.11 所示。

表 4.11　尼日尔河流域国的投票情况

国家	面积/1000km^2	面积占比/%	投票	缔约
尼日利亚	561.9	27	缺席	是
马里	540.7	26	弃权	否
尼日尔	497.9	23	缺席	是
阿尔及利亚	161.3	8	赞成	否
几内亚	95.9	4	缺席	否
喀麦隆	88.1	4	赞成	否
布基纳法索	82.9	4	赞成	是
贝宁	45.3	2	缺席	是
科特迪瓦	22.9	1	赞成	是
乍得	16.4	1	缺席	是

在咸海流域，哈萨克斯坦投了赞成票，乌兹别克斯坦批准了该公约，两国都属下游国。上游国阿富汗、吉尔吉斯斯坦、塔吉克斯坦和土库曼斯坦都在投票时缺席，也未批准该公约，如表 4.12 所示。

表 4.12　咸海流域国的投票情况

国家	面积/1000km^2	面积占比/%	投票	缔约
哈萨克斯坦	424.4	34	赞成	否
乌兹别克斯坦	382.6	31	弃权	是
塔吉克斯坦	135.7	11	缺席	否
吉尔吉斯斯坦	111.7	9	缺席	否
阿富汗	104.9	9	缺席	否
土库曼斯坦	70.0	6	缺席	否
中国	1.9	≪1	反对	否
巴基斯坦	0.2	≪1	弃权	否

雅鲁藏布江-布拉马普特拉河与恒河流域有至少 6.3 亿人口（FAO，2011），因而从社会经济角度成为世界上最重要的流域之一。下游孟加拉国和上游尼泊尔（原因未知）投赞成票，位于孟加拉国上游、地处中游的印度投弃权票，不丹缺席，上游的中国投反对票。至今尚无国家批准该公约，如表 4.13 所示。

表 4.13　雅鲁藏布江-布拉马普特拉河与恒河流域国的投票情况

国家	面积/1000km²	面积占比/%	投票	缔约
印度	948.4	61	弃权	否
中国	321.3	20	反对	否
尼泊尔	147.4	9	赞成	否
孟加拉国	107.1	7	赞成	否
不丹	39.9	3	缺席	否
缅甸	0.08	≪1	缺席	否

印度河流域的国家，上游的阿富汗缺席，中国投反对票；而印度（位于巴基斯坦上游，中国下游）和巴基斯坦弃权。无流域国批准该公约，如表 4.14 所示。该案例也说明《水道公约》缺乏地区超级大国的参与。

表 4.14　印度河流域国的投票情况

国家	面积/1000km²	面积占比/%	投票	缔约
巴基斯坦	597.7	53	弃权	否
印度	381.6	34	弃权	否
中国	76.2	7	反对	否
阿富汗	72.1	6	缺席	否

斯特鲁马河（表 4.15）下游的希腊赞成并批准了该条约；上游保加利亚弃权，马其顿缺席。塞尔维亚在 1997 年投票时还未独立建国。该流域的案例展现了下游国偏好支持公约的假设。该流域所有国家都是《欧经委跨境水公约》的成员国，其中希腊和保加利亚是欧盟成员国。

表 4.15　斯特鲁马河流域国的投票情况（1997 年）

国家	面积/1000km²	面积占比/%	投票	缔约
保加利亚	8.6	58	弃权	否
希腊	3.9	26	赞成	是
马其顿	1.8	12	缺席	否
南斯拉夫	0.6	4	缺席	否

在尼罗河流域（表 4.16），上游的肯尼亚和下游的苏丹支持该公约，埃及、埃塞俄比亚、坦桑尼亚和卢旺达等国弃权，乌干达、厄立特里亚和刚果民主共和国缺席，上游的布隆迪投反对票。尼罗河已经签署了一系列复杂和具有竞争性的条约。即便如此，本书的假设也一定程度上成立，即苏丹作为一个主要下游国投了赞成票，布隆迪作为上游国家投了反对票。

表 4.16　尼罗河流域国的投票情况

国家	面积/1000km²	面积占比/%	投票	缔约
苏丹	1931.3	63	赞成	否
埃塞俄比亚	356.9	12	弃权	否
埃及	273.1	9	弃权	否
乌干达	238.9	8	缺席	否
坦桑尼亚	120.3	4	弃权	否
肯尼亚	50.9	2	赞成	否
民主刚果	21.7	1	缺席	否
卢旺达	20.8	1	弃权	否
布隆迪	13.6	≪1	反对	否
厄立特里亚	3.5	≪1	缺席	否

复杂的拉普拉塔河流域（表 4.17）包括巴拉那河（主要支流是巴拉圭河）和乌拉圭河，两河汇合于拉普拉塔河后成为阿根廷和巴西的界河。上游巴西投赞成票，原因在于巴西在亚马孙河流域处于最下游且其重要性远大于该流域，上游玻利维亚和巴拉圭弃权。除了阿根廷弃权这一特例，投票情况大体支持本书假设。该流域尚无国家批准公约。

表 4.17　拉普拉塔河流域国的投票情况

国家	面积/1000km²	面积占比/%	投票	缔约
巴西	1379.3	47	赞成	否
阿根廷	817.9	28	弃权	否
巴拉圭	400.1	13	弃权	否
玻利维亚	245.1	8	弃权	否
乌拉圭	111.6	4	赞成	否

日益萎缩的乍得湖流域（表 4.18）中，3 个下游国家乍得、尼日尔和尼日利亚缺席投票但随后批准了公约，下游国家喀麦隆投赞成票，上游主要水源国中非共和国缺席，这符合下游赞成上游反对的假设。沙漠国家阿尔及利亚投赞成票，利比亚赞成并批准该公约，两国均无产流贡献。苏丹位于尼罗河下游，投赞成票，其产流也微乎其微。由于这三国在流域中的产流贡献很小，以及苏丹对尼罗河的问题更为关切，乍得湖流域不是他们投票考量的主要因素。

表 4.18   乍得湖流域国的投票情况

国家	面积/1000km²	面积占比/%	投票	缔约
乍得	1088.2	46	缺席	是
尼日尔	671.8	28	缺席	是
中非	217.4	9	缺席	否
尼日利亚	179.5	8	缺席	是
阿尔及利亚	89.7	4	赞成	否
苏丹	82.9	3	赞成	否
喀麦隆	46.5	2	赞成	否
利比亚	4.6	≪1	赞成	是

24 个流域中有两个流域不符合本研究的假设，详见表 4.19。

表 4.19   两个不符合上游反对/下游支持投票假设的跨境河流

流域名称：流域国	趋势描述	具体描述
库那-阿拉克斯河 流域国（6 个）：亚美尼亚、阿塞拜疆、格鲁吉亚、伊朗、俄罗斯、土耳其	上游反对，中游支持，下游不参与	该流域中的亚美尼亚、阿塞拜疆、格鲁吉亚，这些国家 1991 年从苏联独立，很大程度上依赖于库那-阿拉克斯河流域（Campana et al.，2012）。上游土耳其投反对票，中游亚美尼亚、格鲁吉亚和伊朗投赞成票。下游阿塞拜疆弃权。没有国家批准该公约。下游国家不参与的情况，不完全符合本书提出的地缘政治行为模式
沃尔特湖 流域国（6 个）：贝宁、布基纳法索、科特迪瓦、加纳、马里、多哥	一部分上游国赞成，下游国不参与	该流域有一些上游国本身沿海，也是其他流域的下游国，比如科特迪瓦（位于从几内亚和布基纳法索发源河流的下游），赞成并批准了公约；贝宁，欧伊湄河（Oueme）下游国，投票时缺席，但后来批准了公约，符合本书的假设。主要上游国布基纳法索赞成并批准公约，而下游加纳弃权且未批准公约，该流域不完全支持这个假设

24 个流域中的 10 个流域是能被合理解释的例外情况，其中的 3 个流域中有多个南共体成员国，两个流域受《欧盟水框架指令》和《欧经委跨境水公约》签署国的影响，还有两个流域受《欧经委跨境水公约》签署国的影响。这些流域中有大量的欧盟、联合国欧经委或南共体成员国，它们或者全体趋向接受该公约，或者全部拒绝；有的流域仅为相关流域国的次要流域，有的流域国可能有其他更重要的政治考量（比如约旦），详见表 4.20。

表 4.20　不符合上游反对/下游支持假设但有合理解释的 10 个流域

流域名称：流域国	说明	描述
莱茵河 流域国（9 个）：比利时、卢森堡、荷兰、奥地利、瑞士、德国、法国、意大利、列支敦士登 **多瑙河** 流域国（19 个）：斯洛文尼亚、摩尔多瓦、乌克兰、黑山、阿尔巴尼亚、波斯尼亚和黑塞哥维那、塞尔维亚、克罗地亚、匈牙利、斯洛伐克、罗马尼亚、保加利亚、马其顿、瑞士、德国、意大利、奥地利、捷克、波兰	所有欧盟和联合国欧经委成员国被游说批准《水道公约》	《欧盟水框架指令》和《欧经委跨境水公约》规定的义务促使莱茵河流域批准公约的程度之高（5/8）以及对公约的整体性支持。莱茵河和多瑙河流域在公约投票时存在的国家中，比利时、法国和保加利亚弃权，摩尔多瓦缺席。比利时打算与其他欧盟国家结盟，支持公约（Loures et al., 2009）。莱茵河 9 个流域国和多瑙河 19 个流域国不管位置在哪里，都支持该公约。世界自然基金会聚焦于获得欧盟国家的批准，强调与已有欧盟法规相一致（WWF, 2011）。英国和爱尔兰尽管不在欧洲大陆，但其分别于 2013 年 12 月 13 日和 20 日批准该公约，这与本书关于欧盟接受公约是出于游说努力和政治合作这两点是一致的。这些因素共同导致欧盟国家在投票和批准过程中很高的参与度
林波波河 流域国（4 个）：莫桑比克、博茨瓦纳、南非、津巴布韦	所有南共体成员国	林波波河流域的所有 4 个国家都是南共体国，均支持该公约，其中只有南非批准了该公约，这与其处于对其更重要的奥兰治河流域的下游位置相关
赞比西河 流域国（9 个）：津巴布韦、安哥拉、博茨瓦纳、纳米比亚、赞比亚、莫桑比克、马拉维、刚果共和国、坦桑尼亚	所有南共体成员国	赞比西河流域国总体上支持该公约，只有产水量少的上游国坦桑尼亚弃权，该国同时是尼罗河上游主要国家之一。目前只有位于奥兰治河下游的纳米比亚批准了该公约。所有国家都是南共体成员国
刚果河 流域国（13 个）：安哥拉、布隆迪、喀麦隆、中非共和国、刚果民主共和国、刚果共和国、加蓬、马拉维、卢旺达、苏丹、坦桑尼亚、乌干达、赞比亚）	上游签约下游不签约，但从产水贡献率的角度可以解释	下游刚果民主共和国（南共体成员国）和刚果共和国及上游中非共和国缺席。上游的安哥拉、赞比亚（均为南共体成员国）和喀麦隆（乍得湖沿海国）投赞成票，上游坦桑尼亚（南共体成员国）弃权。其他 7 个流域国每个都占流域面积不足 1%，包括上游投反对票的布隆迪。刚果河流域与假设不完全一致，主要原因是，该流域里的水量主要来自刚果民主共和国境内的产流（70%，仅次于亚马孙河，是尼罗河的 20 倍），上游国家的水资源利用及其对刚果民主共和国将来水利用可能的限制都非常有限
塞内加尔河 流域国（4 个）：几内亚、马里、毛里塔尼亚、塞内加尔	该流域已签署相关条约。无国家参与《水道公约》投票	塞内加尔流域没有参与该公约，所有 4 个流域国都缺席投票，无国家批准该公约。3 个流域国此前签署了有强制约束力的协定，2006 年上游的几内亚也加入了该协定
勒曼河 流域国（4 个）：白俄罗斯、立陶宛、波兰、俄罗斯	联合国欧经委签署国	所有勒曼河流域国均对《水道公约》投赞成票，但无国家批准。所有流域国都是《欧经委跨境水公约》的签署国。俄罗斯（仅加里宁格勒位于该流域）和波兰在此流域面积很小，不可能影响其国家对跨境河流整体立场的考虑
约旦河 流域国（5 个）：埃及、以色列、约旦、黎巴嫩、西岸，阿拉伯叙利亚共和国	以色列与阿拉伯国家的地区政治关系	约旦、黎巴嫩和叙利亚 3 个国家都批准了该公约。此前上游的约旦和下游的叙利亚均投了赞成票，而黎巴嫩缺席。位于约旦下游的以色列，对《水道公约》投了弃权票且未批准。由阿拉伯国家和以色列对公约立场的清晰对比，可以反映出该地区的政治关系
德林河 流域国（4 个）：黑山、阿尔巴尼亚、马其顿、塞尔维亚	投票时有的国家尚未独立	黑山、马其顿、塞尔维亚在 1997 年投票时均非主权国家
纳尔瓦河 流域国（4 个）：白俄罗斯、爱沙尼亚、拉脱维亚、俄罗斯联邦	联合国欧经委签署国	所有 4 个流域国都是《欧经委跨境水公约》签署国，都投了赞成票。只有俄罗斯和爱沙尼亚在流域的产水和使用上算作重要流域国，而拉脱维亚和白俄罗斯对产流几乎无贡献

4.7 《水道公约》中明确互惠原则的重要意义

《水道公约》是跨境河流领域中一个重要的国际公约,在国际社会具有较强的影响力,其不断完善对跨境河流的可持续利用和管理意义重大。尽管存在复杂性,但通过对全球范围主权国家对公约投票和批准行为趋势的定量分析表明,由于对水资源的依赖性不同,从上游国到下游国呈现反对、弃权、缺席、赞成的渐变次序,而在一个完全随机的分布中不可能有如此明显有序的趋势模式。这一趋势在对水资源的可利用量和分布情况的定量分析中得到了验证。深入理解这些因素对有关国家地缘政治切的影响,正视这种关切并建立共识以促进沿河各国合作是非常重要的。

大量案例表明,流域上下游能在合作中为彼此带来广泛利益。例如,在上游建设水库能缓解中下游水资源时空分布不均的压力,减轻洪水灾害,降低旱灾损失。以美国和加拿大1964年签署的《哥伦比亚河条约》为例,通过在上游的加拿大建设水库,减少了美国因频繁和严重的洪灾导致的损失,同时两国在合作中共享了下游发电所产生的红利。目前国际社会仅关注上游对下游单方面损害的思维,实际上降低了上下游国家间的协调(信息共享)、协作(发展目标的相互支持)和合作(制定共同的发展目标)的潜力。

《水道公约》投票结果和批准情况表明,上游国家对公约的态度有所保留。通过对投票情况的分析可以看出,上游国家对《水道公约》的支持率明显低于下游国家。由此本书提出,在思想意识和社会舆论中广泛存在的对跨境河流影响单向性的偏见是导致这种情况出现的主要原因。为此,《水道公约》应阐明对流域国之间相互责任的共同要求,并对上述错误认识予以澄清,采取力所能及的措施,取得对在跨境河流开发和管理中所应遵循的原则清晰一致的认识,扫清上下游国家间的认知障碍,从而有助于在合作中产生巨大的效益。否则,将会危及这种理应通过从源头到最下游有效管理来实现的长远的、可持续的合作。对于其境内的河流,每个国家都致力于采用国内统一的流量、水质标准、取用水管理规则、旱涝灾害管理规划和有效的管理监督机构来达到长远的、可持续的发展目标。对于跨境河流,有关流域国需要有效的国际合作才可能实现上述目标。

互惠原则在《水道公约》陈述的条款规则中是隐形的,是国际习惯法的基本原则。互惠会促成实质性结果,如联合技术研究和规划、协调开发、合理的利益共享及补偿机制。将互惠作为《水道公约》基本原则的认知显性化,有利于《水道公约》被更清晰地认识和接受,即强调所有跨境河流共享国有相互平等的权利和义务,任何一个上游或下游的国家都可能对其他国家造成不利影响,每个国家都有将对跨境河流计划采取的措施通知其他国家的义务，并在必要时进行协商。清晰地解释互惠原则带来的地缘政治结果会形成"超越河流本身"的巨大效益，即促进有关国家间的相互理解和经济合作，进而促进更广泛的利益共享。

为了实现和维持全球水安全，各国须将互惠理念作为在跨境河流管理中广泛理解、接受和采用的原则和规程。如果缺乏互惠，上下游间立场的两极分化会进一步加深，单边行为会增多，则会对地区和全球的稳定性带来严重后果。

《水道公约》是国际社会为了加强跨境河流管理和开发的合作而付出了近 50 年努力的结果，但研究和实践表明，如果不对其包含的互惠理念做出清晰的解释，《水道公约》很可能误导合作。公约包含了一系列原则规范，尚需辅以对其包含的互惠理念的合理解释，则可以为跨境河流长久和平管理提供坚实的基础。

4.8　小　　结

本章梳理了与跨境河流相关的国际规则和公约，包括《赫尔辛基规则》《跨界水道和国际湖泊保护和利用公约》《国际水道非航行使用法公约》等。其中，《国际水道非航行使用法公约》是目前跨境河流领域影响最大的国际公约，主权国家对《水道公约》的态度存在明显的地缘差别。本章分析了与位置相关的《水道公约》投票趋势。基于跨境河流水资源净入境率指标的量化分析及具体案例分析显示，下游国家趋于投赞成票，上游国家则趋于缺席、弃权甚至反对。从分析中推断，下游国家倾向于认为现有公约总体来说于其有利，而上游国家趋于认为公约对其总体不利。

公平合理利用和不造成重大损害是跨境河流相关国际规则和公约中最重要的两个基本原则。跨境河流合作要求各方对公约有统一的理解并接受和采纳相关原则和操作规程。下游国家单方面强调上游开发对其的不利影响，认为通报不利影响只是上游国家的义务，本研究认为这实际上是一种误解。这将引起下游国家对上游国家提出单方面的通报要求，而没有意识到上游国家也有权知道下游国家的行动计划，因为这些行动计划会限制上游国家将来的开发机会，即损害具有双向性。这会导致上游国家认为这种单方面的通报义务不合理、不能接受，而缺乏与下游开展合作的主动性。互惠是合作的关键，本研究建议，在《水道公约》中明确跨境河流上下游流域国有相互平等的权利义务，澄清责任与义务是双向，而非单向的，这将有利于《水道公约》得到世界上更多国家的认可并促进跨境河流的可持续利用和管理。

第5章 跨境河流水合作演化的
新闻媒体大数据分析

5.1 导　　言

跨境河流的水冲突与合作在流域的不同发展阶段可以相互转化。对已经发生的跨境河流冲突与合作事件开展实证研究，有助于深入理解跨境河流冲突与合作的演化机制，从而遏制并解决水冲突，推进并深化水合作。在已有研究中，TFDD 收集了 1948～2008 年全球范围内冲突与合作的历史水事件（Wolf，1999）。TFDD 采用跨境河流合作与冲突强度等级表 ［Basins-at-Risk（BAR）scale of intensity of conflict and cooperation］对水事件的冲突程度进行了分类，将冲突与合作事件划分为-7～7 的 15 个等级（Yoffe et al.，2001），以便理解跨境流域可能出现冲突的风险大小。

然而，基于事件的实证研究在认知水冲突与合作事例间的细致差别上存在不足，缺乏对每个沿岸国家对共享河流价值观念的理解。简单地将水事件划分为不同等级的冲突或合作，可能会掩盖各沿岸国的潜在态度（Wolf et al.，2005）。沿岸国家在跨境水资源管理方面有其各自的价值观念和优先事项（Wolf et al.，2005），各国对共享水资源的态度往往会影响其参与合作和遵守条约的倾向。

社会中的价值观念，与文化传统、社会规范、信仰等因素有关，能够对水资源管理决策产生潜移默化的重要影响（Caldas et al.，2015；Roobavannan et al.，2018；Wei et al.，2015）。价值观念被视为连接人类与自然环境的中间变量，价值观念一方面体现了人类感知和解读外界环境的方式（Caldas et al.，2015），另一方面通过影响人类决策和行为而改造自然。在跨境流域，不同层级、不同类型的利益相关者相互作用，他们对水资源的开发利用与保护有着不同的利益关切和态度。这种与水相关的价值观念，往往体现为与其他利益相关者间的冲突或合作的态度和行为。价值观念受到水文、政治、经济、技术等不同因素的共同作用（Dinar，2004；Di Baldassarre et al.，2019），其驱动机制十分复杂。另一方面，跨境流域的利益相关者的价值观念又决定了其水冲突与合作行为。因此开展对沿岸国家涉水价值观念的实证研究，对深入理解跨境河流水合作动态、提升跨境河流水管理水平具有重要的理论意义和实际价值。

新闻文章提供了不同国家或部门对特定事件具有代表性的见解。通过其显著的"议程设置"的能力（Cooper，2005），新闻文章可以反映出大众的关注点，并影响公众对特定问题的看法（Neuendorf，2017），新闻文章越来越广泛地被认为是研究社会价值观念的一种重要参考（Wei et al.，2017）。因此，基于与水冲突与合作相关的新闻文章，我们能够分析不同国家在一段时间内对特定水事件的看法，进而探究其社会价值观念。

本章旨在为基于新闻媒体跟踪跨境河流水冲突与合作的动态提供新的方法框架，并为该框架提供一个可应用于相关研究的工具包（Guo et al.，2022）。此方法框架遵循 Lasswell 在社会变革分析中应用的传播模型（Lasswell communication model）（Lasswell，1968），他将传播视为一个社会过程，通过内容分析对新闻报道进行以问题为导向的探究，包含 7 个基本问题："谁？有什么意图？在什么情况下？以怎样的投入？使用什么策略？接触到什么受众？产生什么结果？本章的搜索关键词生成器设计遵循 Lasswell 的理论原则，旨在通过回答 Lasswell 的 7 个基本问题来跟踪跨境河流水冲突与合作的动态。它有助于揭示全球范围内跨境水冲突与合作的演变动态和模式，以自动化的方式收集新闻媒体数据集，最大限度地减少筛选、阅读和理解相关新闻媒体文章的人工工作量，并为研究人员提供了一套实用的工具，检索相关领域的有用信息。它是进一步分析的基础，例如，可以研究水治理网络演变与水资源综合管理水平之间的关系，以及人们对跨境河流水冲突与合作的态度，最终有助于理解水冲突与合作的驱动机制和转化规律。通过捕捉水资源冲突与合作的生命周期特征，未来研究人员可以探索全球跨境水资源冲突与合作事件的时间演变趋势和空间分布规律，探讨适当的政策干预的指导意义，提高全球水安全水平。

同时，它还可以作为量化跨境河流系统的社会水文方法中社会维度的方法基础。近期采用社会水文方法分析协同进化系统的反馈机制（Lu et al.，2021）的研究指出，虽然社会水文模型有助于理解跨境河流系统人水耦合的复杂性，但量化社会变量通常充满挑战。人们越来越认识到新闻媒体是反映每个流域内国家不断变化的价值观念和利益关切的有效媒介（Wei et al.，2021），新闻文章中反映的冲突与合作情感倾向已成为社会水文模型中社会部分的合作意愿的验证方式（Lu et al.，2021）。此研究可以为更有效地衡量跨境河流系统的社会维度提供方法支持。

本章还基于数据库对全球和特定跨境流域的新闻文章开展分析。其中，基于情感分析和主题分析的方法，研究跨境流域各国的冲突与合作等价值观念的变化特征。以澜沧江-湄公河流域为例，开展特定跨境流域的新闻媒体文章数据集的构建和分析工作。

5.2　研究方法介绍

5.2.1　跨境河流水冲突与合作新闻数据集的构建

构建跨境河流水冲突与合作新闻数据集，主要涉及以下 3 个步骤（Guo et al.，2022）（图 5.1）：步骤 1 为选择数据库，步骤 2 为定制搜索关键词，步骤 3 为数据清洗和处理。具体而言，该方法从在步骤 1 中选择新闻数据库开始，选择新闻数据库的详细标准在下文步骤 1 中说明。搜索关键词在步骤 2 中生成，其中包含 5 个关键词决定因素模块（Block）。这 5 个模块与流域特征和研究问题有关，直接决

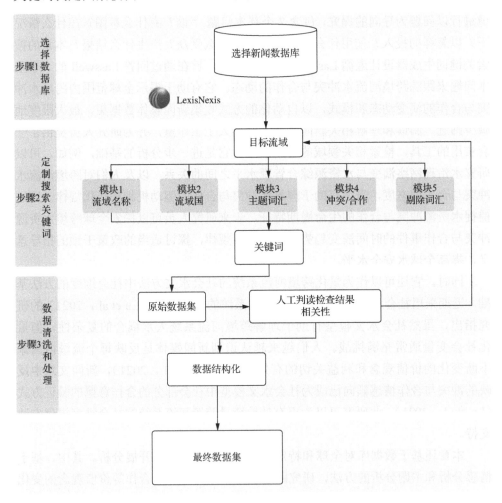

图 5.1　跨境河流水冲突与合作新闻数据集构建方法流程图

定了要收集的数据的有效性和相关性。使用步骤 2 中生成的关键词，下载原始数据集后进行步骤 3 中的数据清洗和处理，其中包括粗略的人工阅读和筛选，检查结果相关性，为步骤 2 中关键词的进一步修改提供反馈。步骤 2 和步骤 3 之间需反复试验以探索最佳的关键词设置。

步骤 1　选择数据库

1）新闻媒体作为数据源

媒体数据源的选择应与研究目标密切相关。本章的研究目标是追踪跨境河流的冲突与合作动态，这需要覆盖较长时间跨度的水事件和舆论的数据。此外，由专业记者和编辑出版的媒体（印刷媒体和网络媒体）是更能反映社会观点的数据源，而社交媒体（如 Twitter）则是个人观点的反映。新闻媒体反映了其发布者（国家或个体）的价值取向（Cooper，2005），因此更适合用于跨境河流问题的研究。当地新闻媒体是反映流域内国家在讨论跨境河流水事件时对其共享水资源和利益相关者的态度或看法的第一手材料。反之，国际新闻媒体是了解流域外国际民众观点的良好信息来源。总之，通过对跨境河流水事件的区域和国际新闻的文本分析可以揭示流域水合作的动态。

2）选择新闻数据库

此方法的第一步为选择覆盖全球综合新闻数据源的数据库。所选媒体数据库应有较长的时间覆盖（即可追溯几十年的新闻报道）并及时更新，如 Lexis Advance（LexisNexis 公司的产品）、ProQuest、Factiva 等。Lexis Advance 覆盖了全球大多数国家和地区的 6000 多家主流新闻媒体，有较长时间序列，是社会科学领域最常用的新闻数据源之一（Weaver et al.，2008；Racine et al.，2010）。因此，以 Lexis Advance 为例，展示获取跨境河流水冲突与合作新闻媒体数据的过程，其他符合要求的数据库亦可类推。虽然时间覆盖受不同地区媒体发展水平的影响，但主流媒体大多有几十年的数据，为追踪跨境水冲突与合作的研究提供了良好的数据支持。由于分析语言的限制，本章数据范围仅限于英文报纸，由此带来的认知偏差需要更进一步的研究。

步骤 2　定制搜索关键词

1）选择要搜索的河流

本章搜索的河流涵盖了 2016 年跨境水评估方案确定的 286 条跨境河流（UNEP，2016）。由于遥感等技术的进步，跨境河流的总数被更新为 310 条（Mccracken et al.，2019）。遥感技术可以用于检验跨境河流的两个基本特征（有共同终点，且是常年河流），因此更精细的遥感数据有助于发现新的跨境河流。总体而言，新增的 24 个流域中的大多数流域面积较小（小于 $10000km^2$）（Mccracken et al.，2019），在冲突与合作动态中被认为是不活跃的。因此，本研究暂不考虑新增的 24 个小流域。

2）搜索关键词生成器

搜索关键词是决定检索到的数据的覆盖度和相关性的关键因素之一。本节开发的关键词生成器，可以高效生成适用于世界上所有跨境流域（286 个流域）的搜索关键词字符串。搜索关键词列表是在 TFDD（Yoffe et al.，2001）的搜索关键词的基础上选取的，并改进为包括 5 个搜索关键词的模块（图 5.2）：流域名称（模块 1）、流域国（模块 2）、主题词汇（模块 3）、冲突/合作（模块 4）、剔除词汇（模

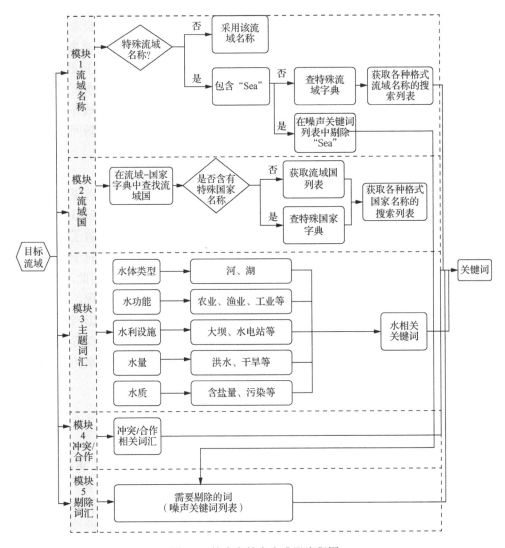

图 5.2　搜索字符串生成器流程图

块 5)。具体而言，模块 1 和模块 2 是关于流域的基本信息，如流域名称以及流域内国家名称的各种形式，检索的文章需要涉及至少一个流域内国家的水冲突或合作事件；模块 3 包含水体相关功能的主题搜索关键词，包括讨论水利基础设施、水质、农业/渔业的主题或任何其他具有相关搜索关键词的特定主题；模块 4 包含表示冲突或合作的关键词；模块 5 由要排除的关键词（噪声关键词）组成，这些关键词会引入大量不相关的检索结果。以上 5 个模块可以显著缩小搜索范围，通过噪声关键词列表进一步剔除不相关的主题，使搜索结果达到覆盖度和相关性的平衡，既不会遗漏过多相关信息，也不会包含过多不相关信息。

（1）模块 1：流域名称。

本节为全球跨境河流定制了字符串生成的通用方法，为不同属性的流域生成相应搜索字符串，并对特殊流域进行特殊处理，使每个流域都在通用搜索规则下，保证一定覆盖度和准确性，得到较为满意的搜索结果。模块 1 的目的是获取可用于搜索的流域名称列表，包括各种表达形式，并对特定类别的流域名称进行特殊处理。需要特殊处理的流域有几个类别，如表 5.1 所示，具体如下。

① 流域名称中含国家或地区的名称。搜索结果很可能包含过多关于该国家或地区内政的文章。

② 流域名称中包含常用词。例如 Amazon，不仅指亚马孙河流域，还指美国的一家电子商务公司。这种情况下需要采用更多的过滤操作来保证数据相关性。

③ 流域名称中含有 "Lake" "Sea" 等词，搜索字符串中 "River" 的词频设置需要修改，需要增加 "Lake" 的词频设置，或者需要把 "Sea" 从噪声关键词列表中删除。

④ 同样的流域名称出现在多个大洲。在谈论跨境水资源问题时，人们通常仅关注当地社会和流域内国家层面的互动，而不是洲际范围的互动，媒体文章内很少提及大陆名称。因此，提高搜索关键词中大陆名称的频率只会显著压缩相关文章的数据量，而不会提高与研究目标相关的数据相关性。然而，同名但位于不同大陆的河流有着不同的流域国。增加流域国的频率设置可有效过滤与其他大陆河流有关的文章。例如，"圣约翰河" 流域名称同时出现在非洲（流经科特迪瓦、几内亚和利比里亚）和北美洲（流经美国和加拿大）。提高流域内国家名称而不是大陆名称的频率设置对数据相关性的作用更大。

⑤ 其他需要特殊处理的流域名称类别。主要有：流域名称不同，如上下游河流名称不同，或流域内包含多条河流；流域内的同一河流有不同的名称；流域名称由多个单词组成；流域名称中包含 "St."，但在媒体文章中可能会被称为 "Saint"。

表 5.1　需要特殊处理的流域类别

需要特殊处理的流域类别	流域名称	处理方法
流域名称中含国家、地区名	Belize（伯利兹河），Columbia（哥伦比亚河），Congo/Zaire（刚果河），Corredores/Colorado（科罗拉多河），Gambia（冈比亚河），Jordan（约旦河），La Plata（拉普拉塔河），Mississippi（密西西比河），Nelson-Saskatchewan（尼尔森河），Niger（尼日尔河），Senegal（塞内加尔河），Tigris-Euphrates/Shatt al Arab（底格里斯河和幼发拉底河）	提高"water"（水）或"river"（河）等的词频设置，尽可能滤掉单纯讨论地缘政治类的文章
流域名称中含常用词	Amazon（亚马孙河），Baker（贝克河），Columbia（哥伦比亚河），Cross（克罗斯河），Don（顿河），Fly（弗莱河），Han（汉江），Lagoon Mirim（密林湖），Lotagipi Swamp（洛蒂基皮沼泽），Massacre（屠杀河），Negro（内格罗河），Oral/Ural（乌拉尔河），Orange（奥兰治河），Rhone（罗纳河），Red/Song Hong（红河），San Martin（圣马丁河），Seno Union/Serrano（塞拉诺河），Vanimo-Green（瓦尼莫-格林河），Whiting（怀廷河）	提高"water"（水）或"river"（河）等的词频设置，尽可能多地过滤掉与水无关的文章，或从结果列表末尾删除一定比例的文章
流域名称中含"Lake""Sea"等词	Lake Chad（乍得湖），Lake Fagnano（法格纳诺湖），Lake Natron（纳特龙湖），Lake Prespa（普雷斯帕湖），Lake Titicaca-Poopo System（提提卡卡湖），Lake Turkana（图尔卡纳湖），Lake Ubsa-Nur（乌布苏湖），Aral Sea（咸海）	修改搜索字符串中"River"（河）的词频设置，或增加"Lake"（湖）的词频设置，或从噪声关键词列表中删除"Sea"（海）
上下游河流名称不同，或流域内包含多条河流	Asi/Orontes（阿西河），BahuKalat/Rudkhanehye（巴胡卡拉特河），Bei Jiang/His（北江），Benito/Ntem（贝尼托河），Ca/Song-Koi（蓝江），Cancoso/Lauca（劳卡河），Carmen Silva/Chico（奇科河），Coco/Segovia（科科河），Congo/Zaire（刚果河），Corantijn/Courantyne（科兰太因河），Corredores/Colorado（科罗拉多河），Cuvelai/Etosha（埃托沙河），Douro/Duero（杜罗河），Gallegos/Chico（加列戈斯河），Ganges-Brahmaputra- Meghna（雅鲁藏布江-布拉马普特拉河与恒河），Hamun-i- Mashkel/Rakshan（拉克山河），Hari/Harirud（哈里河），Ili/Kunes He（伊犁河），Jenisej/Yenisey（叶尼塞河），Juba-Shibeli（谢贝利河），Kura-Araks（阿拉斯河），Lava/Pregel（普列戈利亚河），Mana-Morro（马纳河），Nelson-Saskatchewan（纳尔逊河），Oder/Odra（奥得河），Oiapoque/Oyupock（奥亚波克河），Oral/Ural（乌拉尔河），Red/Song Hong（红河），Seno Union/Serrano（塞拉诺河），Shu/Chu（楚河），Tagus/Tejo（塔霍河），Tigris-Euphrates/Shatt al Arab（底格里斯河和幼发拉底河），Tjeroaka-Wanggoe（旺戈河），Torne/Tornealven（托尔尼河），Vanimo-Green（瓦尼莫-格林河），Vistula/Wista（维斯瓦河）	在搜索关键词中包含相关流域/河流名称的所有形式
流域的同一河流有多种名称	Muhuri（aka Little Feni）（穆胡里河）	在搜索关键词中包含相关河流名称的所有形式

续表

需要特殊处理的流域类别	流域名称	处理方法
流域名称由多个单词组成	An Nahr Al Kabir（那哈拉卡巴尔河），Astara Chay（阿斯塔拉河），Coatan Achute（阿楚特河），El Naranjo（纳兰永河），Great Scarcies（大斯卡西斯河），Har Us Nur（乌尔乌苏湖），Kowl E Namaksar（纳马克萨尔湖），La Plata（拉普拉塔河），Lagoon Mirim（密林湖），Lotagipi Swamp 洛蒂基皮沼泽），Lough Melvin（梅尔文湖），Nahr El Kebir（卡比尔河），Oued Bon Naima（博纳伊玛河），Pu Lun T'o（乌伦古湖），Rio Grande（North America）（格兰德河，北美洲），Rio Grande（South America）（格兰德河，南美洲），San Martin（圣马丁河），Song Vam Co Dong（万古同河），St. Croix（圣克鲁瓦河），St. John（Africa）（圣约翰河，非洲），St. John（North America）（圣约翰河，北美洲），St. Lawrence（圣劳伦斯河），St. Paul（圣保罗河），Wadi Al Izziyah（伊兹亚河）	在搜索关键词中给流域名称加引号，进行整体搜索，防止流域名称被机器分词
同样的流域名称出现在多个大洲	Rio Grande（North America/South America）（格兰德河，北美洲/南美洲），St. John（Africa/North America）（圣约翰河，非洲/北美洲）	增加流域国家的词频设置，过滤与位于其他大洲的河流相关的文章
流域名称中包含"St."（或"Saint"）	St. Croix（圣克鲁瓦河），St. John（Africa）（圣约翰河，非洲），St. John（North America）（圣约翰河，北美洲），St. Lawrence（圣劳伦斯河），St. Paul（圣保罗河）	将"St."（圣）和"Saint"（圣）加入搜索关键词

模块 1 中工具包的 special_basin_dict 是上传至 Zenodo（一个多学科研究数据知识库和优质的文献资源网站）的基于 Python 语言的词典：词典中的键为特殊的流域名称，如带复数词或特殊字符（反斜杠、破折号或括号等）；词典中的值为流域名称和河流名称的可搜索形式。给定要搜索的流域名称，special_basin_dict 可以反馈其对应的可搜索形式的关键词。special_basin_dict 扩大了检索结果的覆盖度，若无其协助，用官方的流域名称进行搜索，则检索到的结果会很少，甚至检索不到结果。使用 special_basin_dict 时，需要先把它导入到 Python 脚本中，以方便调用。

（2）模块 2：流域国。

第 2 个模块是有关跨境流域内国家的信息。模块 2 的目的是获取包含各种可搜索形式的流域国家名称的列表。为完成此任务，本节开发的工具包中提供了两个有用的基于 Python 语言的词典——basin_country_dict 和 special_country_dict。

模块 2 中工具包的 basin_country_dict 是上传至 Zenodo 的基于 Python 语言的词典，词典中的键为流域名称，词典中的值为位于流域内的国家列表。给定要搜索的流域名称，basin_country_dict 可以反馈出流域内国家的列表。模块 2 中使用的另一个基于 Python 语言的词典是 special_country_dict，词典中的键是各种形式的国家名称，或带有特殊字符（例如"."），词典中的值是国家名称的可搜索形式的列表。给定要搜索的特殊国家名称，special_country_dict 可以反馈出该国家名称所有可搜索形式的列表。

具体操作流程为给定一个要搜索的流域名称，首先在 basin_country_dict 中查找流域内的国家列表，然后检查流域国家列表中是否有特殊的国家名称，如果有，则通过查找 special_country_dict，在模块 2 中生成可搜索的包含各种形式的所有国家名称的列表。

（3）模块 3：主题词汇。

模块 3 包含跨境水体相关功能主题的搜索关键词，如表 5.2 所示。例如，水体类型、水体功能（农业、渔业等）、水利基础设施、水量、水质和其他研究目的相关的特定主题。

（4）模块 4：冲突/合作。

模块 4 包含与冲突或合作相关的关键词，该关键词列表取自 TFDD 的搜索关键词（Yoffe et al.，2001），如表 5.2 所示。若关注某种类型的冲突或合作，则可以相应地修改模块 4 中的关键词。此外，联合国书目信息系统主题词库［United Nations Bibliographic Information System（UNBIS）Thesaurus］（UNBIS Thesaurus，2021）提供了冲突与合作的相关关键词列表，可供参考。

（5）模块 5：剔除词汇。

考虑到研究的目标，模块 5 为需排除的搜索关键词（噪声关键词），其中大部分来自 TFDD 搜索关键词（Yoffe et al.，2001），如表 5.2 所示。这些搜索关键词看似与研究主题相关，但频繁出现在媒体文章中并且容易带来大量数据噪声。例如，“sea”和“ocean”带来了大量关于海洋权和航海的与研究主题不相关的文章；“nuclear”常出现在讨论核力量和核威胁的情景中，而不是跨境水冲突与合作的主要关注点；“flood of refugees”，虽然包含了“flood”这个看似与水资源相关的关键词，但实际上却与跨境河流研究的主题无关。搜索结果中应排除模块 5 给出的噪声关键词列表中提及的词。若未来的研究将此方法框架应用于其他研究领域，则模块 5 中的噪声关键词列表应做相应修改，根据步骤 2 和步骤 3 之间反复试验的结果，结合研究者的经验和知识背景，才能使定制的搜索字符串更加适合特定研究领域。例如，在收集咸海的数据时，应将模块 5 中排除的搜索关键词“sea”召回，以防止造成数据覆盖度的损失。

表 5.2　模块 1～5 中搜索关键词组合

模块及内容	搜索关键词组合
模块 1：流域名称	basin name（流域名称）（5）
模块 2：流域国	each riparian country name（每个流域国家名称）（2）

续表

模块及内容		搜索关键词组合
模块3：主题词汇	水体类型	water（水）(3), river（河）(3), lake（湖）, stream（流）, tributary（支流）, etc.
	水体功能	irrigation（灌溉）, fish（鱼/渔业）, fish rights（渔业权）, water rights（水权）, water diplomacy（水外交）, water hegemony（水霸权）, etc.
	水利基础设施	dam（水坝）, diversion（分流）, channel（渠道）, canal（运河）, hydroelect*（水电）, hydropower（水力发电）, reservoir（水库）, etc.
	水量	flood（洪水）, drought*（干旱）, water allocation（水量分配）, water sharing（水资源共享）, etc.
	水质	salinity（盐碱化）, pollution（污染）, etc.
模块4：冲突/合作	冲突	dispute*（争端）, conflict*（冲突）, disagree*（反对）, war（战争）, troops（军队）, "letter of protest"（抗议信）, hostility（敌意）, "shots fired"（枪击）, boycott（抵制）, protest*（抗议）, sanction（制裁）
	合作	treaty（条约）, agree*（协议）, convention（公约）, "framework directive"（框架指令）, negotiat*（谈判）, resolution（决议）, commission（委员会）, secretariat（秘书处）, "joint management"（共同管理）, "basin management"（流域管理）, peace（和平）, "accord"（协议）, "peace accord"（和平协议）, settle*（解决）, cooperat*（合作）, collaborat*（协作）, bilateral（双边）, multilateral（多边）
模块5：剔除词汇（噪声关键词列表）		sea（海）, ocean（海洋）, navigat*（航海）, nuclear（核）, water cannon（水炮）, light water reactor（轻水反应堆）, mineral water（矿泉水）, hold water（盛水）, cold water（冷水）, hot water（热水）, water canister（水罐）, water tight（水龙头）, water down*（稀释）, flood of refugees（难民潮）, oil（石油）, drugs（毒品）, a stream of（一连串）, flood of（大量的）

注：括号中的数字（如5、2和3）表示关键词应至少出现在搜索结果中的次数；双引号（" "）中的内容为出现在检索结果中的固定词搭配；在 Lexis Advance 数据库中使用搜索关键词获取相关新闻媒体文章。

*表示词根。

3）关键词词频设置

关键词词频的设置来源于搜索过程中的反复试错，以此来保证大部分跨境流域的搜索结果都能令人满意。对于个别流域，词频的通用设置规则会导致搜索结果急剧降为零或数量过多而无法处理，无法保证搜索结果的准确性。例如，在收集约旦河流域的数据时，考虑到约旦不仅是流域名称，也是流域内流域国的名称，满足所有搜索要求但仅仅谈及地缘政治的文章数量巨大。因此，需要将关键词"water"和"river"的词频设置提高到 5 倍，以突出跨境水资源的主题，并确保搜索结果与其他流域相关性在同一水平上。以澜沧江-湄公河流域为例，本节使用的搜索关键如表 5.3 所示。在试错过程中，发现搜索结果相关性远低于可接受水平（小于 30%），因此修改了搜索关键词，增加某些关键词的出现频率，直到得到满意的结果，例如，文章中出现的流域名称至少要求为 5 次，任何流域内国家的名称（官方名称或缩写）在文章中至少出现 2 次。与水有关的词又分为水体类型、水体功能、水利基础设施等子模块。其中，"water"和"river"分别至少出现

3 次，其余与水相关的关键词至少出现 1 次；与冲突或合作相关的词至少出现 1 次。尽管本节中关键词的词频设置的合理性以及相关性和覆盖度之间的平衡或许不是最佳的，且主观性和客观性在一定程度上并存，但也可以作为其他研究的参考。

表 5.3　本节中搜索关键词（以澜沧江-湄公河为例）

搜索关键词	搜索关键词组合
必须包含流域名称（至少 5 次）	Lancang-Mekong（澜沧江-湄公河）（5）
至少包含以下国家名称之一（至少 2 次）	Thai*（泰国）（2），Cambodia*（柬埔寨）（2），China（中国）（2），Laos（老挝）（2），Myanmar（缅甸）（2），Vietna*（越南）（2）
至少包含以下与水相关的单词之一	同表 5.2 模块 3
至少包含以下与冲突/合作相关的单词之一	同表 5.2 模块 4
不包含以下任何嘈杂列表中的词	同表 5.2 模块 5

注：括号中的数字（如 5、2 和 3）表示关键词应至少出现在搜索结果中的次数；在 Lexis Advance 数据库中使用搜索关键词获取相关新闻媒体文章。

*表示词根。

步骤 3　数据清洗和处理

在最终确定可用于进一步分析的精练数据集之前，数据清洗和处理是必不可少的。步骤 3 的第一个阶段是通过人工粗读和筛选以检查结果相关性，旨在反馈如何修改步骤 2 中的关键词。人工粗读可以通过随机抽样来完成，或者将搜索到的媒体文章从后到前粗读更为方便。由于新闻媒体数据库的检索结果列表通常具有按相关性排序的选项，因此显示在检索结果列表前面的文章比列表后面的文章与搜索关键词更相关。["Sort by Relevance"（按相关性排序）是 Lexis Advance 提供的排序功能之一，它也提供了 "Sort by Date"（按日期排序）和 "Sort by Document Title"（按文件名称排序）选项。这 3 个选项中，"Sort by Relevance" 最适合通过粗略阅读反复试验来修改关键词的词频设置。因此，在从 Lexis Advance 下载数据之前选择了 "Sort by Relevance"。通常新闻数据库都具有类似的功能，供读者粗略阅读。]研究者需要为自己的研究设置一个相关性期望值，比如期望 80% 的结果都是相关的，达到期望值即可认为搜索关键词设置合理。

为方便后续分析，所有下载的文本数据都要经过结构格式化过程。本节为 Lexis Advance 开发了一个数据结构化程序，用于下载文本数据并将其整理成结构化格式。对媒体文章按相关性进行处理，并将文章发表时间、媒体来源、作者、文章长度等详细信息结构化存储。结构化数据示例如表 5.4 所示。对于数据整合过程，任何从满足要求的数据源（不限于 Lexis Advance）下载的新闻数据都可以通过数据清洗和处理程序以表 5.4 的格式进行处理和结构化。数据处理后，无论其原始数据来源于什么新闻数据库，本节提供的工具包均可以应用于整合后的数据。

表 5.4　结构化数据示例

结构块	内容
序号	1
标题	Sudan formally rejects the Nile Basin Pact. （苏丹正式拒绝尼罗河流域协议）
来源	Sudan Tribune（《苏丹论坛报》）
日期	May 11, 2010（2010 年 5 月 11 日）
字数	443
正文	Sudan has announced today that it will not sign the framework agreement aimed at reallocating shares from the river Nile, a longstanding demand by several up-stream countries…（节选） （译文：苏丹今天宣布，不会签署旨在重新分配尼罗河份额的框架协议，这是几个上游国家的长期要求……）

5.2.2　跨境河流水冲突与合作中利益相关方态度分析

跨境河流水冲突与合作动态分析需使用计算社会科学的理念与分析方法。本节使用了情感分析和主题分析等方法，尝试从数据挖掘的角度分析跨境河流水冲突与合作的动态。情感分析旨在以新闻媒体报道中反映出来的正负感情倾向来展示跨境水合作的状态演化；主题分析旨在展示数据集中在全球范围内从各个方面讲述跨境河流冲突与合作的案例，展示了全球数据集的统计分析结果，表明该数据集通过词频分析和主题分析涉及了与跨境水资源有关的主要主题。

1. 情感分析

情感分析和观点挖掘是从书面语言里分析人们的观点、评价、态度和情感的研究领域（Liu，2012）。情感和观点影响着人们对世界的认知和行为的选择。因此，情感分析是了解世界动态变化的重要方式。大数据时代，新闻媒体和社交媒体崛起，使大量表达情感和观点的文字在互联网上被记录下来，为情感分析奠定了基础。互联网上存在海量的数据，想了解大众对事件的看法，就要靠机器进行情感分析（Liu，2012）。情感分析有 3 个主要任务（赵妍妍 等，2010），一是对情感信息进行抽取；二是对情感信息进行分类；三是通过对情感信息进行处理，完成服务于特定计划的检索和归纳。情感信息抽取，是情感分析中最基础的步骤，抽取出情感文本中的信息单元，旨在把无结构的文本信息转化成计算机可理解的结构化数据，初步给出情感文本的主客观极性和情感倾向正负。情感信息分类，是在情感信息抽取的基础上，进行褒贬分析。情感信息分类可以根据情感知识进行，比如通过定义好的情感词典来计算文本的情感分值；也可以通过文本特征分类的方法，比如通过机器学习进行分类。

对情感信息进行分类是情感分析的一个重要任务，旨在分析文本中所体现的情感的正负性。对于目前跨境河流水冲突与合作的研究，用情感词典法做情感分析更方便可行，故本节采用情感词典法，分析跨境水冲突与合作新闻媒体数据所集中体现出来的典型流域的情感动态变化。

TFDD（Yoffe et al.，2001）的研究和统计单位是一桩水冲突或合作事件，因此会忽略某一事件内或某一历史阶段中各个利益相关方之间情感态度的动态变化，然而利用它把握冲突与合作的动态变化是十分必要的，有助于理解水冲突与合作的演化规律和发生发展机制。本章基于情感分析的冲突与合作动态分析方法，研究每篇与水冲突与合作相关的媒体文章，充分反映了域内域外国家的动态。针对不同时间跨度、地域跨度的对比与分析，可以更加全面地了解全球跨境河流的全貌和一般规律。

具体地，情感分析的典型方法是查看文本中有多少个单词在与情感相关的单词的预定义列表中，即基于"情感词典"对每个情感单词"打分"（Caren，2019）。本章采用了常用的情感词典 AFINN，对新闻媒体数据库中的文章进行情感分析。AFINN 是由 Finn Årup Nielsen 开发的基于英语的情感词典，后扩展到其他语种。情感词分数范围为-5～5，分别表示极负面的情感到极正面的情感。英语版 AFINN 词典包含 3382 个编码情感词（Nielsen，2011）。

把每篇文章中的单词与情感词典进行匹配，将文章中提到的每个情感词的平均分值作为这篇文章的情感值，文章情感值的计算采用式（5.1），这样既避免了文章的情感值受到文章长短的影响，也可以更加科学合理反映出文章的情感强度。

$$一篇文章的情感值 = \frac{1}{n}\sum_{i=1}^{n}识别出的情感词的情感值 \qquad (5.1)$$

式中：n 为文章中情感词的数量

本节还分析了正向情感文章与负向情感文章的比例随时间变化的趋势，尝试将其与该流域的经济社会发展阶段和事件相结合进行分析，深刻理解跨境水冲突与合作动态和相关媒体文章情感倾向之间的联系。需要注意的是当某一年份文章样本量过小，不足以进行统计分析时，为了避免极端数据引起的系统偏差，需要将其剔除；或人工对该年份仅有的几篇文章进行判读，确定其是否与重大水冲突与合作事件密切相关，是否在该年份具有代表性。

然而情感分析技术有其固有的弱点。第一，针对情感词典的方法，很容易过度关注单词的情感倾向，而忽略了单词所处的上下文语境与词义的影响；第二，情感分析在处理主客观极性不明显的句子时作用有限，对客观描述语句的过滤存在一定挑战；第三，在情感归纳生成摘要时，准确率相对较低；第四，针对不同语种，情感分析的发展水平差异较大，多语种的情感分析有待于进一步发展（赵妍妍 等，2010）。因此，采用情感分析进行跨境河流水冲突与合作动态分析也难免受到情感分析方法固有弱点的限制。研究者在判断水冲突与合作状态变化时，情感分析只能提供大概的趋势判断，水冲突与合作状态的变化机制还需要结合深度的文献调研才能得到更加贴切的结论。

2. 主题分析

主题模型是情感分析中对情感分析进行分类的一种机器学习方法。通过机器学习，从文本中挖掘出相关文章集中出现的特征词语，成为这一类文章的特征词汇，根据相似度进行聚类分析，每一类都是一个潜在的主题，每个主题都包含了若干特征词汇。主题分析讲述了利益相关者（如新闻媒体报道中提及的主体）的主要兴趣和关注点随时间的变化。使用主题模型分析文本时，一篇文章可以同时涉及多个主题，对不同主题的分布权重不同，权重比较大的几个主题就是这篇文章最显著的潜在主题。本章采用常用的主题建模分析算法——LDA（latent Dirichlet allocation，隐含狄利克雷分布）（Alsumait et al.，2019）和 STM（structural topic models，结构主题模型）（Roberts et al.，2014）。

根据现代英语词汇统计，全部词汇量约为 17 万个，每个人使用的词汇量约为 2 万到 3 万个。经过文章标记化、停用词去除、噪声去除等，整个数据集的语料库中剩余 487145 个词（包含同一个词的不同格式，例如复数形式或不同时态格式）。剔除出现在不到 10 篇文章中的低频词和出现在文章总数中超过 70% 的高频词后，剩下 65103 个不重复词。经测试，这样的设置可以保证文章中与跨境河流水冲突与合作相关的高频词——"水""河流""冲突""合作"等被保留，有助于解释主题模型的分析结果。

5.3　跨境河流水冲突与合作新闻
数据集统计分析

本节从空间覆盖、时间覆盖和内容覆盖 3 个方面对全球数据集进行了统计及概述，旨在展示数据集从各个方面讲述全球范围内跨境河流水冲突与合作的案例，并在需要的地方以尼罗河、澜沧江-湄公河等典型跨境河流作为案例进行详细分析。

5.3.1　空间覆盖

1. 洲际覆盖

通过为每条跨境河流定制的搜索关键词和为 Lexis Advance 开发的数据结构化程序来整合数据，截至 2019 年 3 月 10 日，全球 286 个跨境河流的数据集的空间覆盖结果如图 5.3 所示（全球跨境河流的底图是从 TFDD 下载的 GIS shapefile 格式文件）。

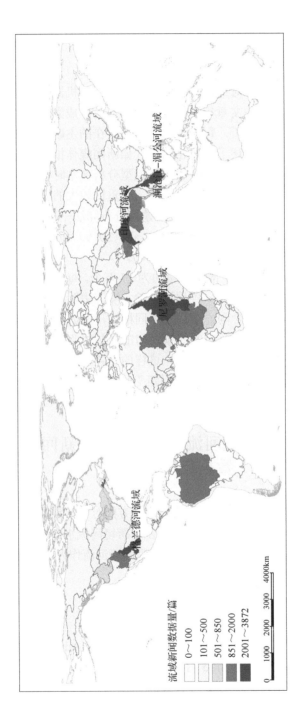

图 5.3　流域尺度的空间覆盖

新闻文章的数据量反映了研究的跨境河流中冲突与合作事件的重要性，有足够的数据量才能保证分析具有统计意义。此新闻媒体数据集的主要应用是为了跟踪跨境河流水冲突与合作动态而进一步进行文本挖掘。针对文本挖掘的目的，本节假设 100 篇媒体文章是跟踪跨境河流水冲突与合作随时间动态变化的最小有效数据量。

总体上，有 60 个流域拥有超过 100 篇的跨境水冲突与合作相关媒体文章，因此被认为是本节的重点研究流域。讨论这 60 个重点研究流域的新闻文章数量达到 4.1 万余篇。在这 60 个重点研究流域中，有 16 个流域更受关注，其数据量超过 850 条，如表 5.5 所示，被认为是热点流域。需要注意的是，重点研究流域（超过 100 篇）和热点流域（超过 850 篇）的定义标准根据具体研究需求可灵活调整。

表 5.5　超过 850 条记录的 16 个热点流域

序号	流域名称	所在洲	文章数量	域内国家
1	Nile（尼罗河）	Africa（非洲）	3872	Burundi（布隆迪），Central African Republic（中非共和国），Egypt（埃及），Eritrea（厄立特里亚），Ethiopia（埃塞俄比亚），Kenya（肯尼亚），Rwanda（卢旺达），Sudan（苏丹），South Sudan（南苏丹），Tanzania（坦桑尼亚），Uganda（乌干达），Dem. Republic of the Congo（刚果民主共和国）
2	Lancang-Mekong（澜沧江-湄公河）	Asia（亚洲）	3253	China（中国），Cambodia（柬埔寨），Laos（老挝），Myanmar（缅甸），Thailand（泰国），Vietnam（越南）
3	Rio Grande（格兰德河）	North America（北美洲）	2718	Mexico（墨西哥），America（美国）
4	Indus（印度河）	Asia（亚洲）	2404	Afghanistan（阿富汗），China（中国），India（印度），Nepal（尼泊尔），Pakistan（巴基斯坦）
5	St. John（圣约翰河）	North America（北美洲）	2356	Canada（加拿大），America（美国）
6	Amazon（亚马孙河）	South America（南美洲）	2078	Bolivia（玻利维亚），Brazil（巴西），Colombia（哥伦比亚），Ecuador（厄瓜多尔），French Guiana（法属圭亚那），Guyana（圭亚那），Peru（秘鲁），Suriname（苏里南），Venezuela（委内瑞拉）
7	Colorado（科罗拉多河）	North America（北美洲）	1975	Mexico（墨西哥），America（美国）
8	Jordan（约旦河）	Asia（亚洲）	1816	Egypt（埃及），Israel（以色列），Jordan（约旦），Lebanon（黎巴嫩），Syrian Arab Republic（叙利亚）
9	Congo/Zaire（刚果河）	Africa（非洲）	1391	Angola（安哥拉），Burundi（布隆迪），Central African Republic（中非共和国），Cameroon（喀麦隆），Republic of the Congo（刚果共和国），Gabon（加蓬），Malawi（马拉维），Rwanda（卢旺达），Sudan（苏丹），South Sudan（南苏丹），Tanzania（坦桑尼亚），Uganda（乌干达），Democratic Republic of the Congo（刚果民主共和国），Zambia（赞比亚）

续表

序号	流域名称	所在洲	文章数量	域内国家
10	Lake Chad（乍得湖）	Africa（非洲）	1353	Central African Republic（中非共和国），Cameroon（喀麦隆），Algeria（阿尔及利亚），Libya（利比亚），Niger（尼日尔），Nigeria（尼日利亚），Sudan（苏丹），Chad（乍得）

　　大多数关于跨境河流水冲突与合作的研究都集中在单个流域范畴，目的是为这些流域寻求解决当地跨境水资源挑战的方法（Bernauer et al.，2020）。因此，要形成对跨境河流水冲突与合作的普遍认识，除了专家对单个流域研究的实地考察经验外，还需要全球的数据支持。许多热点的跨境流域，如尼罗河、幼发拉底河与底格里斯河等，都位于紧张局势和武装冲突频繁的地区（Pohl et al.，2014），为人们所熟知。然而，研究发现，也有一些流域，过去在跨境水冲突与合作研究方面受关注较少，例如圣约翰河（北美）和蒂华纳河。

　　跨境水冲突与合作新闻文章数据量与河流数量对比情况如下（括号内为该洲的跨境河流数目）：亚洲为 14454 篇（60 条），北美为 11306 篇（46 条），非洲为 10734 篇（64 条），欧洲为 2674 篇（68 条），南美洲为 2498 篇（38 条）。全球跨境河流大量分布在亚洲、欧洲与非洲；60 个重点跨境流域主要分布于亚洲、北美洲与非洲，较少分布于欧洲和南美洲。大量关于亚洲、北美洲与非洲的跨境河流的水冲突与合作事件在新闻媒体中被报道。各个大洲的跨境河流水冲突与合作总的数据量差异，一方面来自于各个大洲主要国家经济发展水平不同，跨境河流水资源管理还处于不同阶段，面临不同的问题；另一方面是语言的差异，本研究采用英语作为分析语言，北美洲的数据量大而欧洲的数据量小，或许由语言偏好造成系统偏差导致。然而不可否认的是，亚洲与非洲无论是跨境河流的数量，还是跨境河流水冲突与合作新闻媒体文章数据量，都十分可观，可见跨境河流水管理是亚洲与非洲和平与发展中关注的重要主题。这两个大洲大多数国家不使用英语作为母语，大量关于亚洲与非洲跨境河流水冲突与合作新闻媒体文章的存在，一方面反映了亚洲与非洲人民对于跨境水问题的关注，另一方面也反映了世界其他地区对于亚洲与非洲跨境水资源问题的参与度较高，对亚洲与非洲的发展十分关切。

　　2. 国家覆盖

　　来自世界不同国家的新闻媒体数据量的空间覆盖如图 5.4 所示（世界各国的底图是从 ArcGIS Hub 下载的 GIS shapefile 格式文件）。美国发布了 11515 篇关于跨境水资源冲突与合作的新闻文章，排名第一。美国既是与加拿大和墨西哥参与跨境水资源问题的沿岸利益相关者，又是参与北美洲以外各大洲水资源问题的域外国际利益相关者。

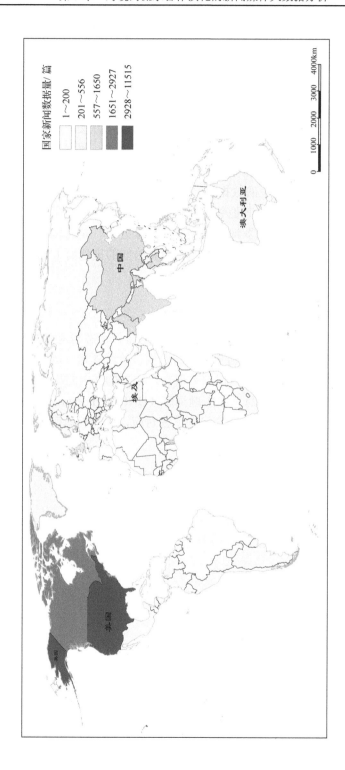

图 5.4　不同国家新闻媒体数据量的空间覆盖

5.3.2　时间覆盖

新闻媒体文章数据集事件覆盖范围为 1953~2019 年。关于跨境水冲突与合作的新闻文章在 20 世纪 90 年代开始大量出现，并可能在未来继续走高。这凸显了改进跨境河流水冲突与合作动态新闻媒体数据集的跟踪方法框架和工具包的必要性，以应对大数据时代的发展。对于所研究的案例流域，数据量的变化趋势显示出强烈的波动性，这可能是由流域内某些热点水事件和地缘政治关系的影响所导致。在世界各国中，美国产生的数据量最大；近年来，中国积极推动澜沧江-湄公河流域跨境合作；澳大利亚与其他邻国没有跨境河流，但发布了大量关于跨境水问题的新闻文章；而埃及是尼罗河流域的主要国家之一，是跨境水资源冲突与合作的代表。4 个代表性国家，数据量整体有随着时间的推移而上升的趋势，并受该国水事件的影响而呈现出强烈的波动性。

5.3.3　内容覆盖

词频分析表明，本章为跟踪跨境河流水冲突与合作动态构建了良好的数据集。在数据集中，有关水体功能、水利基础设施建设、流域管理、国家权力、公民权利、联合研究水冲突与合作的词出现频率很高，与 TFDD 中的相关关键词（Yoffe et al.，2001）和联合国书目信息系统主题词库（UNBIS Thesaurus，2021）中提供的相关词一致。这表明数据集与研究问题紧密对应，且能根据研究需要，提供相关数据。

第6章 澜沧江-湄公河流域水利益
耦联关系量化评估

6.1 导　　言

　　水、粮食和能源是影响可持续发展的关键资源，三者之间存在着复杂的协同和竞争关系，即水-能-粮食耦联（water-energy-food nexus）关系。已有大量研究关注了不同时空尺度和情景下的水-能-粮食耦联关系。由于跨境流域不仅涉及不同水利益的耦联关系，还涉及上下游不同国家的利益关系，因此在跨境流域开展水利益耦联关系研究面临更大的挑战。特别是在"上游发电、下游灌溉"的跨境流域，这种水利益耦联关系涉及水电、农业、渔业等不同行业，需要基于水-能-粮食耦联关系模型对其进行量化评估。

　　澜沧江-湄公河是典型的"上游发电、下游灌溉"的跨境流域。位于上游的中国和老挝通过水库建设和调度获得发电效益，水库调度改变下游水资源的时空分布，下游国家的灌溉效益、渔业效益等因此而受到影响。近年来，上游的水电设施持续增加，一方面增加了流域的调蓄能力，能够减轻洪旱灾害的负面影响，另一方面又会对渔业和生态等造成一定的影响，因而显著地影响了流域的水利益耦联关系。除了已有研究中考虑的发电-灌溉关系外，灌溉-渔业、发电-渔业关系同样重要。在干旱年、平水年等不同条件下，水利益耦联关系会表现出不同特征。这些方面都应当基于水-能-粮食模型加以研究。

　　本章在澜沧江-湄公河流域建立水-能-粮食耦联水文-经济优化模型，对流域内的干支流水电站、灌区和洞里萨湖采用分布式设置，考虑不同国家发电效益、灌溉效益和渔业效益的关系，并基于水文、灌溉用水、经济效益等数据验证模型。基于模型模拟在不同情景下发电-灌溉、灌溉-渔业、发电-渔业的协同和竞争关系，并给出相应的政策启示。

6.2　水电-经济优化模型

6.2.1　模型框架

　　为了量化评估澜沧江-湄公河流域的水-能-粮食耦联关系，我们开发了分布式一体化的澜沧江-湄公河水文-经济优化模型（integrated hydro-economic optimization model for the Lancang-Mekong River Basin, IHEOM-LMRB），考虑了澜沧江-湄公河干流和支流的水文变化、水力发电、灌溉渔业等不同因素。基于模型进行分析，针对不同约束情景和优化目标，明确优化的目标函数、决策变量和约束条件，寻求一定条件下特定问题的合适解决方案。比选不同决策下各国不同行业的效益，分析不同情景下澜沧江-湄公河流域发电效益、灌溉效益和渔业效益之间的协同和竞争关系。本模型研究的最终目标是基于情景分析，通过全流域的水库联合调度，实现流域的水资源综合管理。

　　澜沧江-湄公河水文-经济优化模型主要包括 3 个模块，即水文模块、发电模块和灌溉模块，如图 6.1 所示。其中水文模块的输入数据为月尺度的长期水文气象数据，输出为不受水库调度影响的径流数据。发电模块输入为水库调度数据（包括水库信息数据、水库调度方案、水文径流数据），输出为发电效益。灌溉模块输入为灌溉面积和生产水平等数据，输出为灌溉效益。

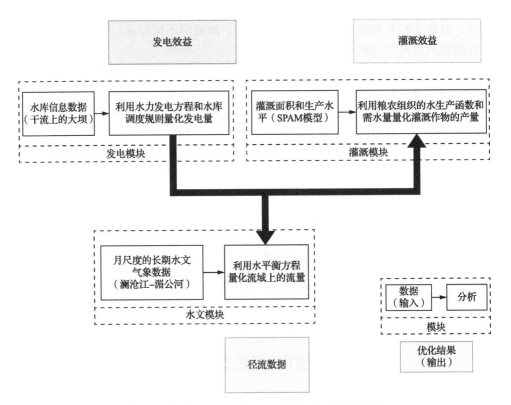

图 6.1　澜沧江-湄公河水文-经济优化模型框架图

　　模型基于优化算法，计算出水库调度方案和灌溉方案及对应的发电效益和灌溉效益。其中，约束条件包括径流约束、渔业流量约束、水库约束、灌溉约束等。

目标函数分别设置为最大发电效益、最大灌溉效益、最大综合效益等。在本模型中，渔业效益并未被直接量化，而是在一些情景中以渔业流量约束的形式得以体现。以综合总效益最大的目标为例，目标函数如式（6.1）所示。

$$\text{Max Obj} = \sum_i \text{VA}_i + \sum_r \text{VE}_r \qquad (6.1)$$

式中：Obj 为总效益；VA_i 为灌区 i 的灌溉效益；VE_r 为水库 r 的发电效益。

　　模型构建采用 GAMS 语言进行编写，该语言常被用以处理复杂的优化问题，包含要素、参数、变量和约束。本模型的要素包含了自然径流汇流点、水库节点、灌区节点、湖泊节点等。模型参数是优化中的先验值，在优化前确定，作为模型的输入值。变量是模型优化求解计算得出的值，是优化的输出值，包括水库下泄流量、灌溉水量、发电效益和灌溉效益等。约束是含有参数和变量的等式或不等式。各模块的计算流程如图 6.2 所示，其中关键方程、变量和参数详见表 6.1，对各模块的具体描述详见后文。

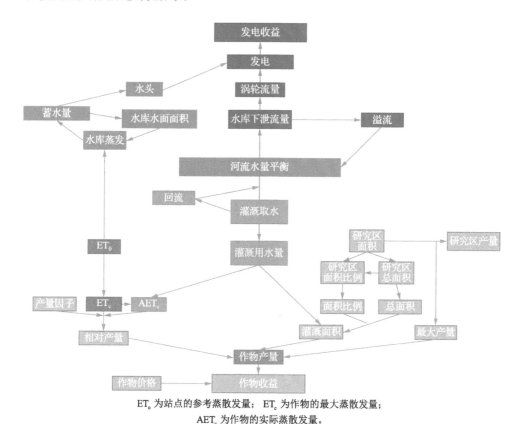

ET$_0$ 为站点的参考蒸散发量；　ET$_c$ 为作物的最大蒸散发量；
AET$_c$ 为作物的实际蒸散发量。

图 6.2　澜沧江-湄公河水文-经济优化模型计算流程图

表 6.1　澜沧江-湄公河水文-经济优化模型的关键方程、变量和参数

约束条件	变量	参数	描述
目标函数：$$\text{Max Obj} = \sum_i \text{VA}_i + \sum_r \text{VE}_r$$	Obj		目标函数：总效益
	VE_r		水库 r 的发电效益
	VA_i		灌区 i 的灌溉效益
$$\sum_r \text{VE}_r = \sum_{r,t} g \times \xi \times \left(H_{r,t} - t_r \right) \times \text{QT}_{r,t} \times \pi_\infty$$		g	重力加速度（9.81m/s^2）
		ξ	涡轮/发电机效率（85%）
		$H_{r,t}$	求解出的第 t 月水库 r 的水面高程（超出海平面）
		t_r	水库 r 的尾水高程（超出海平面）
		$\text{QT}_{r,t}$	求解出的第 t 月水库 r 通过涡轮的流量
		π_∞	电价
$$E_{r,t} = g \times \xi \times \left(H_{r,t} - T_r \right) \times \text{QT}_{r,t}$$ $$\text{emin}_r \leqslant E_{r,t} \leqslant \text{emax}_r$$ $$\begin{cases} \text{emin}_r = e_r \times \varphi \times \chi \\ \text{emax}_r = e_r \times \varphi \end{cases}$$	$E_{r,t}$		求解出的第 t 月水库 r 的发电量
		emin_r	水库 r 的最小发电量
		emax_r	水库 r 的最大发电量
		e_r	水库 r 的装机容量
		χ	最小容量系数（5%）
		φ	单位转化因子
$$H_{r,t} = h_r + h'_r \left(\frac{S_{r,t} + S_{r,t-1}}{2} \right)^{h'_r}$$		h_r, h'_r, h''_r	水库 r 的曲线系数（高程与蓄水量）
	$S_{r,t}$		求解的第 t 月水库 r 的蓄水量
储量平衡：$$S_{r,t} = S_{r,t-1} + \sum_q \text{qi}_{q,r,t} + \sum_n Q_{n,r,t} - \sum_n \text{QR}_{r,n,t} - \text{ER}_{r,t}$$		$\text{qi}_{q,r,t}$	支流 q 第 t 月流入水库 r 的水量
	$Q_{n,r,t}$		节点 n 第 t 月流入水库 r 的水量
	$\text{QR}_{r,n,t}$		水库 r 第 t 月释放到节点 n 的水量
	$\text{ER}_{r,t}$		求解的第 t 月水库 r 的蒸发量

续表

约束条件	变量	参数	描述
水库蒸发： $\mathrm{ER}_{r,t} = \mathrm{et0}_{t,\mathrm{st}} \times \mathrm{AR}_{r,t} \times \varphi' \times k_c'$		$\mathrm{et0}_{t,\mathrm{st}}$	站点第 t 月的参考蒸发量
	$\mathrm{AR}_{r,t}$		求解的第 t 月水库 r 的表面面积
		φ'	单位转化因子
		k_c'	开阔水域的作物系数（假设等于 1）
$\mathrm{AR}_{r,t} = a_r + a_r' \left(\dfrac{S_{r,t} + S_{r,t-1}}{2} \right)^{a_r''}$		a_r, a_r', a_r''	水库 r 的曲线系数（面积和蓄水量）
水库泄水： $\mathrm{QR}_{r,n,t} = \mathrm{QT}_{r,t} + \mathrm{QS}_{r,t}$ $\mathrm{QR}_{r,n,t} = \mathrm{QR}_{r,j,t} + \mathrm{QR}_{r,j,t}$	$\mathrm{QS}_{r,t}$		水库 r 第 t 月的溢流量（不发电）
	$\mathrm{QR}_{r,j,t}$		水库 r 第 t 月释放到节点 j 的流量
	$\mathrm{QR}_{r,i,t}$		耕地 i 第 t 月在水库 r 的取水量
河流水量平衡： $\sum_q \mathrm{qi}_{q,j,t} + \sum_r \mathrm{QR}_{r,j,t} + \sum_{j'} \mathrm{QJ}'_{j',j,t} + \sum_{i \Leftrightarrow i,j} \mathrm{QRF}_{i,t}$ $= \sum_{j'} \mathrm{QJ}_{j,j',t} + \sum_r Q_{j,r,t} + \sum_i Q_{j,i,t} + \sum_s Q_{j,s,t}$		$\mathrm{qi}_{q,j,t}$	支流 q 第 t 月流入节点 j 的水量
	$\mathrm{QR}_{r,j,t}$		水库 r 第 t 月释放到节点 j 的流量
	$\mathrm{QJ}'_{j',j,t}$		第 t 月上游节点 j' 到下游节点 j' 的流量
	$\mathrm{QRF}_{i,t}$		第 t 月河流 j 的退水流量
	$\mathrm{QJ}_{j,j'',t}$		第 t 月上游节点 j 到下游节点 j'' 的流量
	$Q_{j,r,t}$		第 t 月河流节点 j 向水库 r 的出流量
	$Q_{j,i,t}$		第 t 月耕地 i 在河流节点 j 的取水量
	$Q_{j,s,t}$		第 t 月节点 j 流向河口 s 的流量
灌溉取水： $\mathrm{QIW}_{i,t} = \sum_j Q_{j,i,t} + \sum_r \mathrm{QR}_{r,i,t}$ $\mathrm{QIW}_{i,t} = \mathrm{QRF}_{i,t} + \mathrm{QIC}_{i,t}$ $\mathrm{QRF}_{i,t} = \chi_r \times \mathrm{QIW}_{i,t}$	$\mathrm{QIW}_{i,t}$		耕地 i 第 t 月的灌溉取水量
	$\mathrm{QIC}_{i,t}$		耕地 i 第 t 月的灌溉耗水量
	χ_r		水库 r 的灌溉退水流量系数（25%）
灌溉耗水量： 当 $\mathrm{iwd}_{i,\mathrm{cp},t} \geqslant 0$ 时， $\mathrm{qic}_{i,t} \times \xi_i = \sum_{\mathrm{cp}} \mathrm{ETA}_{i,\mathrm{cp},t} \times \mathrm{AI}_{i,\mathrm{cp}} \times \varphi_i$		ξ_i	耕地 i 的灌溉效率
		$\mathrm{ETA}_{i,\mathrm{cp},t}$	第 t 月耕地 i 中季节性农作物的实际蒸散发量
		$\mathrm{AI}_{i,\mathrm{cp}}$	根据作物活性和土地面积求解出的耕地面积

约束条件	变量	参数	描述
灌溉需水量： $$\mathrm{iwd}_{i,cp,t}=\left(\mathrm{etc}_{i,cp,t}+\mathrm{wl}_{i,cp,t}+\theta_{i,cp,t}-\mathrm{pe}_{i,cp,t}\right)$$ $$\times \mathrm{ai}_{i,cp}\times\varphi_i$$ 实际蒸散发量： $$\xi'\times \mathrm{etc}_{i,cp,t}\leqslant \mathrm{ETA}_{i,cp,t}\leqslant \mathrm{etc}_{i,cp,t}$$ $$\mathrm{etc}_{i,cp,t}=\mathrm{et}0_{t,\mathrm{st}}\times k_{ccp,t}$$	φ_i		耕地 i 的转化因子
	$\mathrm{iwd}_{i,cp,t}$		第 t 月耕地 i 的灌溉需水量
	$\mathrm{etc}_{i,cp,t}$		第 t 月耕地 i 中季节性作物 cp 的最大蒸散发量
	$\mathrm{wl}_{i,cp,t}$		第 t 月耕地 i 的稻田含水层含水量（75～150mm）
	$\theta_{i,cp,t}$		第 t 月耕地 i 上稻田的土壤饱和度
	$\mathrm{pe}_{i,cp,t}$		第 t 月耕地 i 的有效降水量
	$\mathrm{ai}_{i,cp}$		耕地 i 中观测的季节作物灌溉面积
	ξ'		最小蒸散发因素（75%）
	$k_{ccp,t}$		根据作物活动性和逐月信息计算的作物系数
作物总面积： $$\mathrm{TA}_i=\sum_{cp}\mathrm{AI}_{i,cp},\ \mathrm{SA}_{i,cp}=\frac{\mathrm{AI}_{i,cp}}{\mathrm{TA}_i}$$ $$\begin{cases}\alpha_{\min}\times \mathrm{ta}_i\leqslant \mathrm{TA}_i\leqslant \alpha_{\max}\times \mathrm{ta}_i\\ \alpha'_{\min}\times \mathrm{sa}_{i,cp}\leqslant \mathrm{SA}_{i,cp}\leqslant \alpha'_{\max}\times \mathrm{sa}_{i,cp}\end{cases}$$ $$\mathrm{ta}_i=\sum_{cp}\mathrm{ai}_{i,cp},\ \mathrm{sa}_{i,cp}=\frac{\mathrm{ai}_{i,cp}}{\mathrm{ta}_i}$$	TA_i		求解出的耕地 i 上的作物总面积
	ta_i		耕地 i 中观测的作物总面积
	$\alpha_{\min},\ \alpha_{\max}$		最小和最大总作物面积系数
	$\mathrm{ai}_{i,cp}$		耕地 i 中观测的作物总面积
	$\mathrm{SA}_{i,cp}$		求解出的耕地 i 中作物的面积份额
	$\mathrm{sa}_{i,cp}$		耕地 i 中作物观测的面积份额
	$\alpha'_{\min}$		最小总作物面积系数
	$\alpha'_{\max}$		最大总作物面积系数
作物产量： $$P_{i,c}=\sum_{cp}\left(\mathrm{RY}_{i,cp}\times \mathrm{ymax}_{i,cp}\times \mathrm{AI}_{i,cp}\right)$$	$P_{i,c}$		耕地 i 上农作物商品的产量
	$\mathrm{RY}_{i,cp}$		耕地 i 上农作物的相对产量
	$\mathrm{ymax}_{i,cp}$		耕地 i 上活动性农作物的最大产量
$$\mathrm{RY}_{i,cp}=\left(1-\mathrm{ky}_{cp}\right)\times\left(1-\frac{\sum_t \mathrm{ETA}_{i,cp,t}}{\sum_t \mathrm{etc}_{i,cp,t}}\right)$$	ky_{cp}		作物产量因子
灌溉效益： $$\sum_i \mathrm{VA}_i=\sum_{c,i}\left(\pi_c\times P_{i,c}\right)$$	π_c		作物价格

注：为便于表述，本书涉及的公式中的变量单位采用国际标准量纲，省略不同量纲之间的换算过程。后同。

　　模型考虑了澜沧江-湄公河干流和 25 条主要支流，要素分布如图 6.3 所示。模型要素主要包含以下 3 类。一是水文要素，包含 36 个水文节点、109 条河段和灌渠。二是水库要素，包含 23 个位于干流的水库节点。三是灌溉要素，包含 19 个灌溉节点，主要分布于流域下游区域。

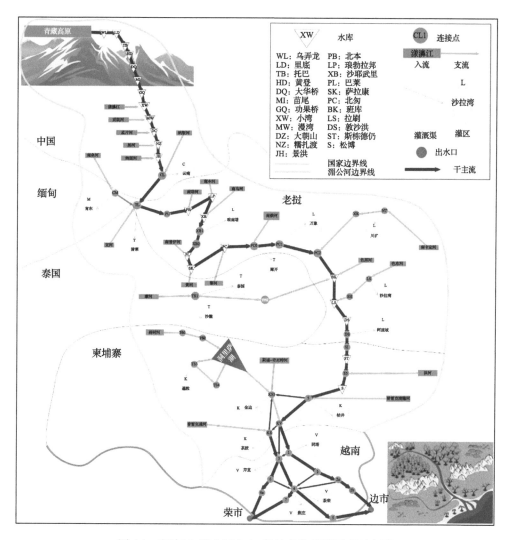

图 6.3　澜沧江–湄公河水文-经济优化模型要素示意图

6.2.2　水文模块

　　水文模块包含了基于特定河网结构的水量平衡方程，作为模型优化的径流约束条件。对于节点 j，从上一节点 n 进入 j 的水量等于从节点 j 流出到下一节点 n' 的水量，如式（6.2）所示。

$$\sum_n q_{n,j,t} = \sum_{n'} q_{j,n',t} \tag{6.2}$$

　　具体而言，在第 t 月的水量平衡方程如式（6.3）所示。

$$\sum_q \mathrm{qi}_{q,j,t} + \sum_r \mathrm{QR}_{r,j,t} + \sum_{j'} \mathrm{QJ}'_{j',j,t} + \sum_{i \Leftrightarrow i,j} \mathrm{QRF}_{i,t}$$

$$= \sum_{j'} \mathrm{QJ}_{j,j'',t} + \sum_r Q_{j,r,t} + \sum_i Q_{j,i,t} + \sum_s Q_{j,s,t} \tag{6.3}$$

式中：$\mathrm{qi}_{q,j,t}$ 是支流 q 局部排水到河流节点 j 的入流量；$\mathrm{QR}_{r,j,t}$ 是水库 r 释放到河流节点 j 的流量；$\mathrm{QJ}'_{j',j,t}$ 是上游节点 j' 到下游节点 j 的流量；$\mathrm{QRF}_{i,t}$ 是河流 j 的退水流量；$\mathrm{QJ}_{j,j'',t}$ 是上游节点 j 到下游节点 j'' 的流量；$Q_{j,r,t}$ 是河流节点 j 到水库 r 的流量；$Q_{j,i,t}$ 是耕地 i 在河流节点 j 的取水量；$Q_{j,s,t}$ 是流向入海口的流量；$i \Leftrightarrow i,j$ 表示所有与河流节点 j 相连的耕地 i 的总和。为不对环境造成重大损害，设置农业取水不超过基准水文条件下径流量的 30%。

6.2.3　灌溉模块

在灌溉模块，需求点 i 的灌溉效益的计算公式如式（6.4）所示。

$$\sum_i \mathrm{VA}_i = \sum_i \left(\mathrm{RY}_{i,\mathrm{cp}} \times \mathrm{ymax}_{i,\mathrm{cp}} \times \mathrm{SA}_{i,\mathrm{cp}} \times \mathrm{TA}_i \right) \times \sum_c \pi_c \tag{6.4}$$

式中：$\mathrm{RY}_{i,\mathrm{cp}}$ 是求解出的相对产量；$\mathrm{ymax}_{i,\mathrm{cp}}$ 是灌区 i 的作物的最大产量；$\mathrm{SA}_{i,\mathrm{cp}}$ 是根据灌区 i 和产出的作物 cp 求解出的作物面积份额；TA_i 是根据灌区 i 求解出的总作物面积；π_{cp} 是作物 cp 的价格。相对产量 $\mathrm{RY}_{i,\mathrm{cp}}$ 的计算使用 FAO 公式，如式（6.5）所示。

$$\mathrm{RY}_{i,\mathrm{cp}} = 1 - \mathrm{ky}_{\mathrm{cp}} \times \left(1 - \frac{\sum_t \mathrm{ETA}_{i,\mathrm{cp},t}}{\sum_t \mathrm{etc}_{i,\mathrm{cp},t}} \right) \tag{6.5}$$

式中：$\mathrm{ky}_{\mathrm{cp}}$ 是作物产量因子；$\mathrm{ETA}_{i,\mathrm{cp},t}$ 表示灌区 i 的作物的实际蒸散发量；$\mathrm{etc}_{i,\mathrm{cp},t}$ 表示灌区 i 的作物的最大蒸散发量。灌溉仅在有效降水量小于潜在蒸散发量时发生。灌溉需水量 $\mathrm{iwd}_{i,\mathrm{cp},t}$ 取决于作物需水量和作物可自然利用的水量。灌溉需水量计算如式（6.6）所示。

$$\mathrm{iwd}_{i,\mathrm{cp},t} = \left(\mathrm{etc}_{i,\mathrm{cp},t} + \mathrm{wl}_{i,\mathrm{cp},t} + \theta_{i,\mathrm{cp},t} - \mathrm{pe}_{i,\mathrm{cp},t} \right) \times \mathrm{ai}_{i,\mathrm{cp}} \times \varphi_i \tag{6.6}$$

式中：$\mathrm{iwd}_{i,\mathrm{cp},t}$ 是灌溉需水量；$\mathrm{etc}_{i,\mathrm{cp},t}$ 是灌区 i 作物的最大蒸散发量；$\mathrm{pe}_{i,\mathrm{cp},t}$ 是有效降水量。对于水稻，$\mathrm{wl}_{i,\mathrm{cp},t}$ 是含水层含水量；$\theta_{i,\mathrm{cp},t}$ 是灌区 i 的土壤饱和度；$\mathrm{ai}_{i,\mathrm{cp}}$ 是耕地 i 观测到的季节性作物的灌溉面积；φ_i 是转换因子。

以越南同塔省区域灌溉用水需求为例，如图 6.4 所示，灌溉用水需求由潜在蒸散发量、含水层含水量和土壤饱和度组成。有效降水量是种植区总降水量中可用来满足种植区潜在蒸散发需求的部分。灌溉用水需求和有效降水量之间的差距即为灌溉需水量（IC）。当潜在蒸散发量大于有效降水量时，作物需要灌溉。设作物生长期前一个月土壤含水量饱和。

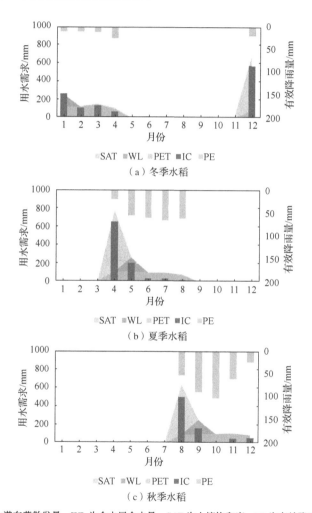

PET 为潜在蒸散发量；WL 为含水层含水量；SAT 为土壤饱和度；PE 为有效降雨量。

图 6.4　越南同塔省冬、夏、秋三季水稻灌溉用水需求和有效降水量

有效降水量 PE 由美国农业部模型确定。该地区的大多数水稻为低地水稻，即雨养作物；但仍有一些区域在旱季需要灌溉。模型求解出的作物面积和总作物面积的约束条件如式（6.7）和式（6.8）所示。

$$\alpha'_{\min} \times sa_{i,cp} \leqslant SA_{i,cp} \leqslant \alpha'_{\max} \times sa_{i,cp} \tag{6.7}$$

$$\alpha_{\min} \times ta_i \leqslant TA_i \leqslant \alpha_{\max} \times ta_i \tag{6.8}$$

式中：$sa_{i,cp}$ 是灌区 i 中的实测作物面积；ta_i 是需求节点 i 观测到的总作物面积；α 和 α' 分别表示总作物面积和作物面积的边界因子。

6.2.4　发电模块

在发电模块，使用水力发电方程计算发电效益，如式（6.9）所示。

$$\sum_r VE_r = \sum_r g \times \xi \times \left(H_{r,t} - t_r\right) \times QT_{r,t} \times \pi_{co} \tag{6.9}$$

式中：g 是重力加速度；ξ 是涡轮机效率，取值 75%；$H_{r,t}$ 是第 t 月求解出的水库 r 的高程（超出海平面）；t_r 是尾水高程（超出海平面）；$QT_{r,t}$ 是求解出的通过涡轮的流量；π_{co} 是电价。

6.2.5　洞里萨湖的渔业流量限制

基于水文模块中的水量平衡方程，可计算洞里萨湖的对应流量。本研究中采用 Sabo 等（2017）中的方法，设置对渔业产量有利的"良好设计"（good design）流量曲线，如图 6.5 所示。生态友好型流量曲线的基本特点为旱季低流量持续时间较长，随后的洪水季时有多个强脉冲洪峰。渔业的"良好设计"是不对称的矩形脉冲序列，具有长的波谷和间断的高流量，能够增加 76%的渔业产量。对渔业产量不利的"不良设计"（bad design）流量曲线为生态不友好型，干旱期的低流量阶段持续时间相对较短，洪峰相对较弱。本研究将在不同的流量曲线条件下，研究各国不同效益的协同和竞争关系。

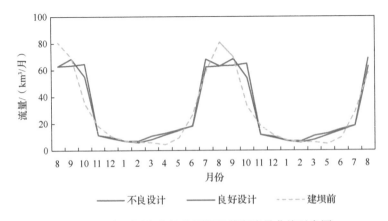

图 6.5　具有不同渔业效益的洞里萨湖流量曲线示意图

6.3　模型数据介绍

6.3.1　水文气象数据

从中国气象局和湄公河委员会提供的数据集中，选取了澜沧江-湄公河流域 1910～2017 年 126 个水文站和 178 个气象站的水文、气象数据。气象数据显示，澜沧江-湄公河上游的降水量为 1000mm/a，下游为 1400～2100mm/a。

以上数据主要观测和记录了旱季和雨季的水文、气象变化。雨季出现在 6 月到 10 月初，而旱季大约开始于 1～2 月，并一直持续到 5 月。基准情景（或水文基准年）设置为过去数十年水文、气象数据的月平均值，并选择 1998 年和 2003 年作为典型干旱年来评估干旱对水-能-粮食耦联关系的影响。澜沧江-湄公河拥有超过 1000 条支流，其中主要支流包括南塔河、南欧河、南俄河、濛河等河流。本模型考虑了澜沧江-湄公河的 25 条主要支流。位于柬埔寨的洞里萨湖为吞吐湖泊，其在水文基准年的流量过程如图 6.6 所示。

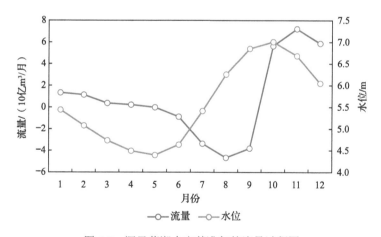

图 6.6　洞里萨湖水文基准年的流量过程图

6.3.2　水库数据

澜沧江-湄公河的干流上共规划了 23 座大坝，其中 7 座已经投入使用，16 仍在规划和建设阶段。本研究暂不考虑支流水库，干流流量主要受到干流大坝建设和调度的影响。表 6.2 展示了国际农业研究磋商组织（Consultative Group on International Agricultural Research，CGIAR）研究项目提供的水库信息干流梯级水库的总库容约为 606 亿 m³。模型敏感性分析所需的电价数据来自湄公河委员会。

表 6.2　澜沧江-湄公河干流水库信息表

水库名称	运营年份	装机容量/MW	正常蓄水位海拔/m	最高水位/m	尾水位海拔/m	坝高/m	坝顶长度/m	有效库容/10⁶m³	死库容/10⁶m³	最大库容/10⁶m³	最大水库面积/10⁶m²
乌弄龙（Wunonglong）	2018	990	1906	112	1772	138	247	36	236	272	163
里底（Lidi）	2019	420	1818	33	1746	74	346	14	57	71	4
托巴（Tuoba）	2024	1400	1735	84	1651	158	396	304	735	1039	177
黄登（Huangdeng）	2017	1900	1619	131	1488	203	457	387	1031	1418	199
大华桥（Dahuaqiao）	2018	920	1477	106	1371	106	232	41	252	293	148
苗尾（Miaowei）	2016	1400	1408	154	1254	140	577	301	359	660	171
功果桥（Gongguoqiao）	2012	900	1319	77	1242	105	356	120	196	316	343
小湾（Xiaowan）	2010	4200	1236	248	988	292	923	9895	4750	14645	194
漫湾（Manwan）	1992	1670	994	89	905	132	418	257	630	887	415
大朝山（Dachaoshan）	2003	1350	899	73	827	115	481	275	465	740	826
糯扎渡（Nuozhadu）	2014	5850	812	205	607	262	608	11335	10414	21749	320
景洪（Jinghong）	2009	1750	602	60	535	108	705	309	810	1119	510
北本（Pak Beng）	2033（计划运营）	912	340	31	309	85	943	780	957	1737	22
琅勃拉邦（Luangprabang）	2030（计划运营）	1200	310	40	270	58	318	734	855	1590	59
沙耶武里（Xayabouri）	2019	1285	275	30	244	48	810	391	909	1300	49
巴莱（Pak Lay）	2030（计划运营）	1320	240	35	205	35	630	317	1035	1351	84
萨拉康（Sanakham）	2028（计划运营）	700	220	14	207	25	1144	132	150	282	94
三通-巴粟（Santhong-Pakchom）	规划阶段	1079	192	22	170	55	1200	808	289	1097	81
班（Ban Kum）	2030（计划运营）	1872	115	19	96	53	780	652	1459	2110	133
拉素（Latsua）	规划阶段	800	98	10	88	22	1300	530	1000	1530	87
东萨宏（Don Sahong）	2019	256	75	17	58	25	6800	115	476	591	3
上丁（Stung Treng）	规划阶段	980	55	15	37	22	10884	70	1479	1549	211
松博（Sambor）	规划阶段	2600	40	33	17	56	18002	465	3794	4259	621

6.3.3　农业和灌溉数据

澜沧江-湄公河流域的主要作物有 31 种，如表 6.3 所示，其中水稻和玉米是主要的作物。空间分析模型（spatial analysis model）（IFPRI，2017）提供了覆盖全流域的 2005 年耕地面积和作物产量的网格数据。根据越南国家统计局的年鉴数据，对湄公河三角洲的耕地面积和作物产量数据进行调整，2005 年湄公河三角洲水稻产量约为 3600 万 t。澜沧江-湄公河流域灌溉面积约为 430 万 hm^2，其中越南占总灌溉面积的 41.5%，泰国占 30%，中国占 11.5%，柬埔寨占 8%，老挝占 7%，缅甸约占 2%。流域总灌溉取水量约为 560 亿 m^3（FAO，2012）。

表 6.3　澜沧江-湄公河流域灌溉作物的作物系数

作物	国家	月份											
		1	2	3	4	5	6	7	8	9	10	11	12
小麦	中国	0.6	0.9	1.2	1.2	0.4							
夏季水稻	中国						1.1	1.1	1.1	1.1	0.8		
冬季水稻	中国	1.2	1.2	0.9								1.1	1.2
小麦	缅甸	1.1	1.1	0.4								0.9	1.0
夏季水稻	缅甸						1.1	1.1	1.1	1.1	0.8		
冬季水稻	缅甸	1.1	1.1	0.9								1.1	1.1
玉米	缅甸	1.1	1.1	0.4								0.7	0.9
马铃薯	缅甸	1.1	1.1	0.7								0.8	0.9
鹰嘴豆	缅甸	0.8	0.9	1.0	1.0	0.4							
豇豆	缅甸	0.8	0.9	1.0	1.0	0.5							
木豆	缅甸	0.8	1.0	1.1	1.1	0.3							
小扁豆	缅甸	0.8	0.9	1.1	1.1	0.3							
黑豆	缅甸	0.8	0.9	1.0	1.0	0.5							
绿豆	缅甸	0.8	0.9	1.0	1.0	0.5							
甘蔗	缅甸	1.1	1.1	1.0	0.8	0.6	0.8	0.9	1.0	1.1	1.1	1.1	1.1
棉花	缅甸	0.7	0.9	1.0	1.2	1.2	0.8	0.4					
黄麻	缅甸	0.7	0.9	1.0	1.2	1.2	0.8	0.4					
烟草	缅甸	0.8	0.9	1.1	1.1	0.7							
夏季水稻	老挝						1.0	1.0	1.1	1.1	0.8		
冬季水稻	老挝	1.1	0.8								1.0	1.1	1.1

作物	国家	月份											
		1	2	3	4	5	6	7	8	9	10	11	12
甘蔗	老挝	1.1	1.1	1.0	0.8	0.6	0.5	0.7	0.9	1.1	1.1	1.1	1.1
棉花	老挝	1.1	0.8	0.4						0.4	0.7	0.9	1.1
小豆蔻	老挝	1.0	1.0	1.0	1.0	0.9	0.9	0.8	0.8	0.5	0.6	0.8	0.9
夏季柑橘	老挝			0.7	0.7	0.7	0.7	0.7	0.7				
冬季柑橘	老挝	0.7	0.8							0.7	0.7	0.7	0.7
卷心菜	老挝	1.0	0.9							0.6	0.7	0.9	
马铃薯	老挝	1.1	0.8							0.6	0.8	1.1	
黄瓜	老挝	0.9	0.8							0.5	0.7	0.9	
夏季水稻	泰国					1.1	1.1	1.1	1.1	0.8			
冬季水稻	泰国	1.1	0.8								1.1	1.1	1.1
甘蔗	泰国	1.1	1.1	0.9	0.7	0.6	0.4	0.7	0.9	1.1	1.1	1.1	1.1
烟草	泰国	0.8	0.7								0.5	0.7	1.0
芒果	泰国	0.5	0.5	0.5	0.5	0.5	0.3	0.4	0.4	0.4	0.4	0.5	0.5
龙眼	泰国	0.8	0.8	0.8	0.8	0.8	0.8	0.8	0.6	0.6	0.7	0.7	0.8
榴莲	泰国	0.5	0.3	0.6	0.8	0.9	0.9	0.7	0.6	0.4	0.1	0.0	0.8
春季山竹	泰国		0.6	0.0	0.8	0.8	0.9	0.9					
秋季山竹	泰国	0.9								0.6	0.0	0.8	0.8	0.9
卷心菜	泰国	1.0	0.9							0.6	0.7	0.8	
辣椒	泰国	0.9	0.8							0.3	0.6	0.9	
杂色豇豆	泰国	1.0	0.5							0.4	0.7	1.0	
姜	泰国	1.0	0.8							0.5	0.7	1.0	
夏季水稻	柬埔寨					1.1	1.2	1.2	1.2	0.9			
冬季水稻	柬埔寨	1.2	0.9								1.1	1.1	1.2
甘蔗	柬埔寨	1.3	1.3	1.1	0.9	0.7	0.4	0.7	1.0	1.3	1.3	1.3	1.3
夏季柑橘	柬埔寨			0.7	0.8	0.9	0.9	0.9	0.8				
冬季柑橘	柬埔寨	0.8	0.8							0.7	0.8	0.9	0.9
春季水稻	越南	1.1	1.1	1.1	0.8								
夏季水稻	越南					1.1	1.1	1.1	0.8				
秋季水稻	越南										1.1	1.1	1.1	0.8
夏季玉米	越南					0.6	0.8	1.1	1.1	0.5			

续表

作物	国家	月份											
		1	2	3	4	5	6	7	8	9	10	11	12
冬季玉米	越南	1.1	0.5								0.6	0.8	1.1
夏季甜马铃薯	越南					0.7	0.9	1.1	1.1	0.6			
冬季甜马铃薯	越南	1.1	0.6								0.7	0.9	1.1
木薯	越南	0.7	0.8	0.9	1.0	1.0	1.0	1.0	1.0	0.7	0.4	0.6	0.6
甘蔗	越南	1.1	1.1	0.9	0.8	0.6	0.6	0.8	0.9	1.1	1.1	1.1	1.1
花生	越南	1.1	0.5								0.6	0.8	1.1
春季大豆	越南	0.6	0.8	1.1	0.4								
夏季大豆	越南					0.6	0.8	1.1	0.4				
秋季大豆	越南									0.6	0.8	1.1	0.4

　　FAO 统计数据库提供了作物价格和年产量。本模型采用 FAO 方法计算灌溉产量，具体计算过程详见文献（Allen et al.，1998），并根据 FAO 统计数据库确定了不同作物的生长期和对应的作物系数，详见表 6.3。计算过程中所需的气象数据来自湄公河委员会和中国气象局。

　　以最重要的作物水稻为例，水稻灌溉需水包括两个方面。一是考虑了作物季节开始时使稻田达到饱和所需的水量，即土壤水达到田间持水量的所需水量。二是指淹没田地所需的水量，即种植期稻田积水。根据 Hoang 等（2019）的假设，积水水位保持在 75～100mm。灌溉效率和退水流量系数等数据均来自湄公河委员会。

6.4　模型率定和验证

　　为验证模型的有效性，需要对水文、灌溉用水、作物产量、发电效益等进行率定和验证。首先对 1910～2017 年澜湄流域的水文数据进行校正，校正结果如表 6.4 所示。主要步骤包括，将支流数据输入模型，在协同调度情景下运行模型，将干流流量模拟值与水文站观测数据进行对比，其中澜沧江-湄公河干流水文站位置如图 6.7 所示，当模拟值与实测值存在差异时，对邻近的支流流量进行线性修正。支流的流量由当地水文站提供。如果当地没有水文站，支流汇入干流的流量由支流附近的两个干流水文站流量数据之差进行估算。部分支流水文站数据时间序列较长，一些水文站存在数据缺失，可在后续率定过程中进行校正。

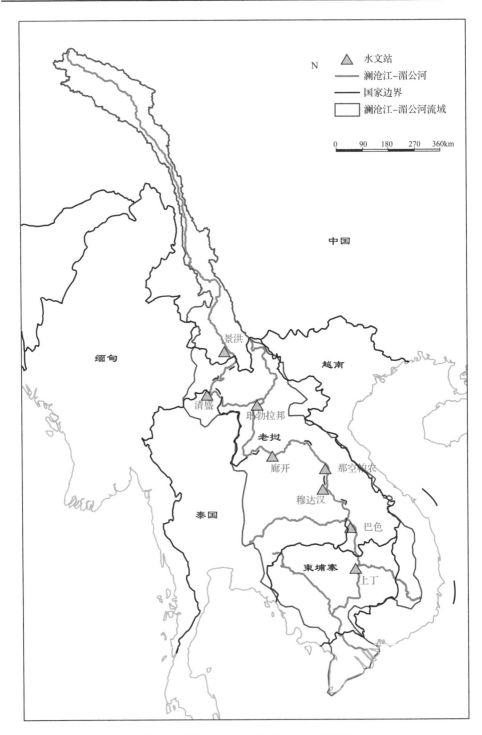

图 6.7　澜沧江-湄公河干流水文站位置图

表 6.4 　干流水文站流量校正结果

水文站	测量值/ (km³/a)	模拟值/ (km³/a)	相对误差/%	绝对误差/km³	时期	国家
琅勃拉邦	121	121	0.00	0.00	1939～2006 年	老挝
萨拉康	133	133	0.00	0.00	1967～2007 年	泰国
万象	143	143	0.00	0.00	1913～2006 年	老挝
廊开	141	141	0.00	0.00	1969～2007 年	泰国
莫达汉	254	254	0.00	0.01	1923～2007 年	泰国
帕穆	27	27	0.00	0.00	1994～2000 年	泰国
孔尖	285	285	0.00	0.01	1966～2007 年	泰国
巴色	319	319	0.00	0.01	1923～2006 年	老挝
上丁	421	421	0.00	0.02	1910～2004 年	柬埔寨
磅湛	452	452	0.01	0.03	1960～2002 年	柬埔寨
金边	101	101	0.00	0.00	1990 年	柬埔寨
乃良	385	385	0.00	-0.01	1965～2002 年	柬埔寨
朱笃	83	83	0.00	0.00	2001～2007 年	越南
美顺	229	230	0.03	-0.06	2001～2007 年	越南
万阁	137	137	0.04	0.05	2001～2008 年	越南
芹苴	228	228	0.01	0.03	2001～2008 年	越南

此外，研究还对 7 个关键的干流站点流量过程进行率定，率定结果如表 6.5 所示。总体上，水文模块能够较好地模拟出各干流站点的流量过程，各站点纳什效率系数（Nash-Sutcliffe efficiency coefficient，简称 NSE）均高于 0.6，显示模型可靠性较好。如表 6.6 所示，研究还对比了校正后的各国支流总流量与 FAO 的 AQUASTAT 数据库，校正后的支流流量与统计数据基本相符。

表 6.5 　干流站点流量过程率定结果

水文站	NSE	NRMSE/%	时期
廊开	0.62	22	1969～2007 年
莫达汉	0.90	11	1923～2007 年
帕穆	0.83	14	1994～2000 年
孔尖	0.92	10	1966～2007 年
巴色	0.93	10	1923～2006 年
上丁	0.95	8	1910～2004 年
磅湛	0.95	8	1960～2002 年

注：NRMSE 为标准均方根误差（normalized root-mean-square error）。

表 6.6 模拟值与 FAO 的 AQUASTAT 数据参考值对比结果

国家	水文年	支流流量 （模型输入）/（$10^6 m^3$/月）	支流流量 （AQUASTAT 数据）/（$10^6 m^3$/月）
中国	参考年	75	74
缅甸	参考年	18	18
泰国	参考年	303	280
老挝	参考年	342	324
柬埔寨	参考年	500	470

在完成水文模块率定和验证的基础上，基于 FAO 数据库提供的各国灌溉用水、灌溉面积、作物产量等数据对模型进行率定。模型模拟得到的灌溉面积和灌溉取水量与统计数据对比，相对偏差较小，如表 6.7 所示。灌溉效益模拟值与不同来源的文献数据进行对比，如图 6.8 所示，其中，FAOSTAT 为粮农组织企业统计资料库（Food and Agriculture Organization Corporate Statistical Database），BDP 为流域开发计划（basin development program）。由图可见，灌溉效益的模拟结果较为可靠。

表 6.7 灌溉面积和灌溉取水量对比

国家	灌溉面积/（$10^6 hm^2$/a）		灌溉取水量/（$10^6 m^3$/a）	
	模型	AQUASTAT	模型	AQUASTAT
中国	0.5	0.5	5041	5040
缅甸	0.1	0.1	1123	1120
泰国	1.3	1.3	16232	16240
老挝	0.3	0.3	2796	2800
柬埔寨	0.3	0.3	1699	1680
越南	1.8	1.8	29093	29120

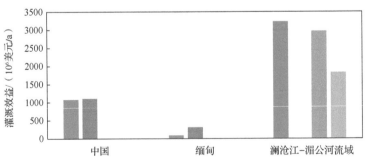

图 6.8 灌溉效益模拟值与文献数据对比图

　　图 6.9 展示了模型模拟的发电效益和文献数据（MRC，2011；Intralawan et al.，2018；FAO，2019a）的对比情况。由于模型考虑了中国境内尚未建成的干流水库，模型模拟的中国发电效益略高于文献数据（Yu et al.，2019b；Chen et al.，2017）。澜沧江–湄公河流域内发电效益模拟值略低于 Intralawan 等（2018）的发电效益结果，远低于考虑了支流水库的 BDP 结果（MRC，2011）。

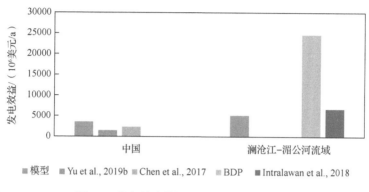

图 6.9　发电效益模拟值与文献数据对比图

6.5　水–能–粮食关系中的协同和竞争

6.5.1　情景设置和敏感性分析

　　在构建和率定水利益水文-经济优化关系模型的基础上，本研究在建坝前、生态友好型、生态不友好型等不同运行条件和协同、粮食、发电 3 种不同优化目标下，量化了水文基准年和干旱年发电效益（HP）、灌溉效益（AG）以及渔业效益（F）的协同和竞争关系。情景分析的具体设置如表 6.8 所示，一共包含了 16 种情景。

　　生态友好型的运行条件是指图 6.5 中所示的"良好设计"对应的流量过程，该条件下渔业产量较高。生态不友好型的运行条件指图 6.5 中所示的"不良设计"对应的流量过程，该流量过程会导致渔业产量降低，水库的建设和调度可能导致出现这种运行条件。由于生态友好型和生态不友好型两种运行条件均会限制干旱季节的可用水量，因此仅在水文参考基准年条件下考虑这两种运行条件，而不在干旱年份（即 1998 年和 2003 年）考虑。本研究采用偏离效益平均值的相对比例评估各国利益，如式（6.10）所示。

$$\Delta_{n,s} = \frac{V_{n,s} - \bar{V}_n}{\bar{V}_n} \qquad (6.10)$$

式中：$\bar{V}_n$ 是国家 n 所有情景下的平均效益；$V_{n,s}$ 是国家 n 在情景 s 下的效益。$V_{n,s}$ 既可以表征灌溉效益 $AG_{n,s}$，也可以表征发电效益 $HP_{n,s}$，如式（6.11）所示。

$$V_{n,s} = \begin{cases} AG_{n,s} = \sum_i VA_{i,n,s} \\ HP_{n,s} = \sum_r VE_{r,n,s} \end{cases} \quad (6.11)$$

式中：$VA_{i,n,s}$ 为国家 n 的耕地 i 在情景 s 下的灌溉效益；$VE_{r,n,s}$ 为国家 n 的水库 r 在情景 s 下的发电效益。

表 6.8　水利益耦联关系分析情景设置

序号	运行条件		目标	优化过程	
1	基准年（1910~2008）		协同	灌溉和发电（AG 和 HP）	
2			粮食	仅灌溉（AG）	
3			发电	仅发电（HP）	
4	基准年+建坝前		粮食	干流上没有大坝	
5	基准年+生态友好型		协同	渔业产量（F）+ 灌溉和发电（AG 和 HP）	
6	基准年+生态不友好型		协同	灌溉和发电（AG 和 HP）	+限制渔业产量
7			粮食	仅灌溉（AG）	
8			发电	仅发电（HP）	
9	干旱年	1998 年	协同	灌溉和发电（AG 和 HP）	
10			粮食	仅灌溉（AG）	
11			发电	仅发电（HP）	
12		1998 年 + 建坝前	粮食	干流上没有大坝	
13		2003 年	协同	灌溉和发电（AG 和 HP）	
14			粮食	仅灌溉（AG）	
15			发电	仅发电（HP）	
16		2003 年 + 建坝前	粮食	干流上没有大坝	

本研究开展敏感性分析，研究了系统对作物价格和电价的响应规律。本研究计算了相对于协同情景 s、情景 sy 对应的灌溉效益或发电效益的相对变化量，如式（6.12）和式（6.13）所示。

$$RC_{s,\mathrm{I}}(pf) = \frac{VA_s(pf) - VA_{sy}(pf)}{VA_{sy}(pf)} \quad (6.12)$$

$$\mathrm{RC}_{s,\mathrm{H}}\left(\mathrm{pf}\right)=\frac{\mathrm{VE}_s\left(\mathrm{pf}\right)-\mathrm{VE}_{\mathrm{sy}}\left(\mathrm{pf}\right)}{\mathrm{VE}_{\mathrm{sy}}\left(\mathrm{pf}\right)} \tag{6.13}$$

式中：$\mathrm{RC}_{s,\mathrm{I}}$ 和 $\mathrm{RC}_{s,\mathrm{H}}$ 分别指与协同情景 sy 相比，情景 s 对应的灌溉效益和发电效益的相对变化量；pf 是要素的价格；$\mathrm{VA}_s(\cdot)$ 和 $\mathrm{VA}_{\mathrm{sy}}(\cdot)$ 分别是情景 s 和协同情景 sy 下的灌溉效益；$\mathrm{VE}_s(\cdot)$ 和 $\mathrm{VE}_{\mathrm{sy}}(\cdot)$ 分别是情景 s 和协同情景 sy 下的发电效益。

如图 6.10 和图 6.11 所示，在不同情景下，作物价格和电力价格的上升对灌溉效益和发电效益的影响程度不同。当作物价格上涨时，发电效益与协同目标的相对差异在基准年的粮食情景、基准年的发电情景和生态友好型情景 3 种分析情景下变化趋势相同。当电力价格上涨时，这 3 种分析情景变化趋势相反，灌溉效益增加，发电效益减少，然后趋于稳定。

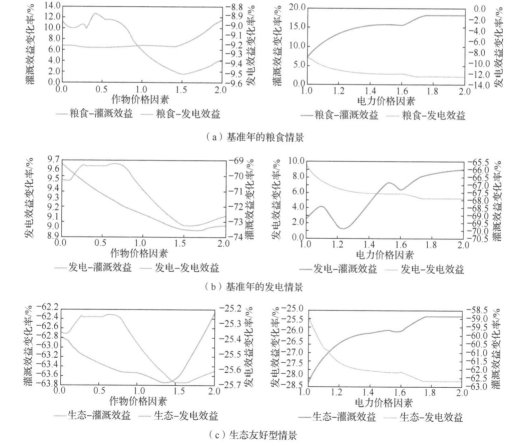

（a）基准年的粮食情景

（b）基准年的发电情景

（c）生态友好型情景

图 6.10　水文参考年作物和电力价格的敏感性分析结果

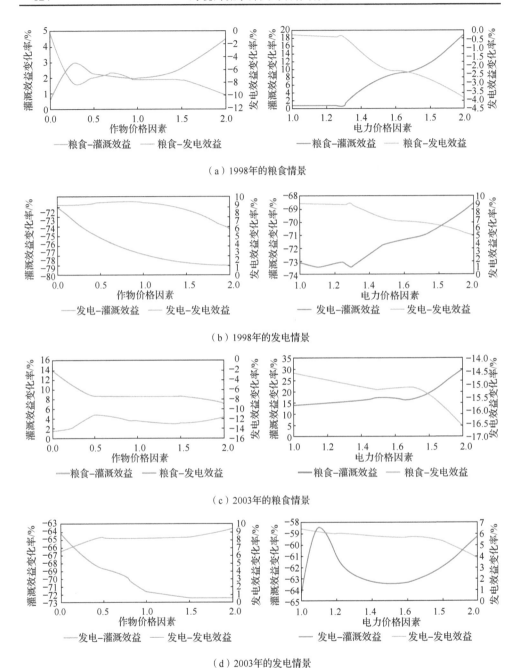

（a）1998年的粮食情景

（b）1998年的发电情景

（c）2003年的粮食情景

（d）2003年的发电情景

图 6.11　干旱年（1998 和 2003 年）的作物和电力价格的敏感性分析结果

6.5.2　情景分析结果

通过设置不同的目标函数和约束条件，IHEOM-LMRB 模型可以在不同的运行条件下，调整水电运行来满足不同的目标。不同水电运行情景下发电和灌溉效益的关系如图 6.12 所示。结果显示，最大化灌溉效益会导致发电效益下降。在协同情景条件下，即发电和灌溉的效益之和达到最大，发电效益大约是灌溉效益的2 倍。与其他曲线相比，基准情景下总效益值最大，而生态友好型情景下效益值最低，体现了渔业与发电、渔业与灌溉之间的关系。1998 年和 2003 年干旱年情景下，灌溉效益和发电效益受到不利影响。

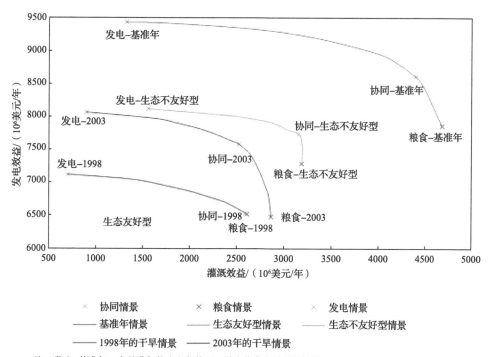

注：发电-基准年：在基准年的水文条件下，最大化发电效益的情景；
　　粮食-基准年：在基准年的水文条件下，最大化灌溉效益的情景；
　　协同-基准年：在基准年的水文条件下，最大化发电和灌溉总效益的情景；
　　发电-生态不友好型：在基准年的水文条件下，限制渔业产量，并最大化发电效益的情景；
　　粮食-生态不友好型：在基准年的水文条件下，限制渔业产量，并最大化灌溉效益的情景；
　　协同-生态不友好型：在基准年的水文条件下，限制渔业产量，并最大化发电和灌溉效益的情景；
　　发电-2003：在干旱年 2003 年的水文条件下，最大化发电效益的情景；
　　粮食-2003：在干旱年 2003 年的水文条件下，最大化灌溉效益的情景；
　　协同-2003：在干旱年 2003 年的水文条件下，最大化发电和灌溉总效益的情景；
　　发电-1998：在干旱年 1998 年的水文条件下，最大化发电效益的情景；
　　粮食-1998：在干旱年 1998 年的水文条件下，最大化灌溉效益的情景；
　　协同-1998：在干旱年 1998 年的水文条件下，最大化发电和灌溉总效益的情景；
　　生态友好型：在基准年的水文条件下，最大化渔业产量以及发电和灌溉总效益的情景。

图 6.12　在流域范围内不同水电运行情景下发电和灌溉效益的关系

　　如图 6.13 所示，与生态不友好型的协同情景相比，湄公河流域在灌溉-基准
年情景下流域灌溉效益增加 49%，发电效益增加 1%，其中越南和泰国效益增加
的比例最大。在发电-基准年情景下，湄公河流域灌溉效益下降 57%，发电效益增
加 22%。在建坝前-基准年情景下，湄公河流域灌溉效益降低 19%。在生态友好型
情景下，流域的发电效益下降 17%，灌溉效益下降 48%。

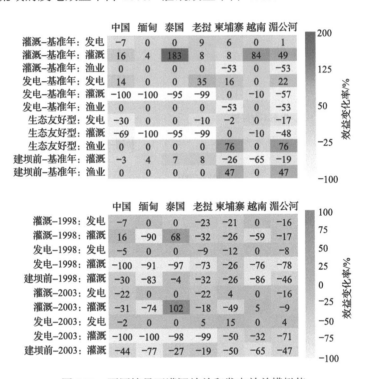

图 6.13　不同情景下灌溉效益和发电效益模拟值

　　如图 6.14 所示，协同情景、粮食情景和发电情景下，洪水期的径流量基本相
同，而在枯水期的径流量存在较为明显的差别。在粮食情景和协同情景下，4 月
上游下泄更多流量，下泄流量在 5 月和 6 月洪峰来临前有所下降；而发电情
景不在灌溉需水量较高的 4 月下泄流量相对较少，而在 3 月和 5 月下泄较大
的流量。

　　与生态不友好型的协同情景相比，1998 年的粮食情景下流域灌溉效益减少
17%，发电效益减少 16%，灌溉损失量远低于建坝前 1998 干旱情景的 46%。流域
下游国家在 1998 年和 2003 年的典型干旱年情景下更容易受到不利影响，即出现
较大比例的灌溉效益损失。总灌溉需求量和耗水量如图 6.15 所示。

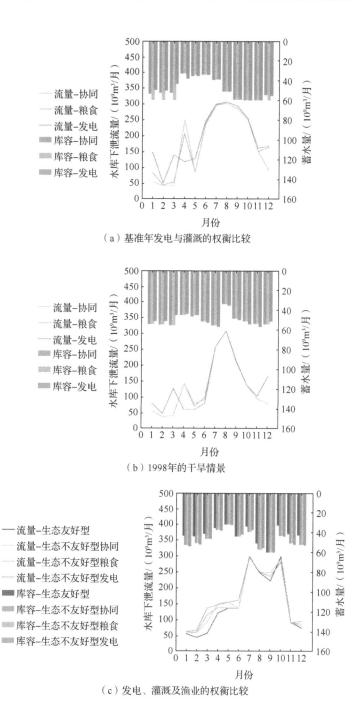

（a）基准年发电与灌溉的权衡比较

（b）1998年的干旱情景

（c）发电、灌溉及渔业的权衡比较

图 6.14　发电流量和水库库容模拟图

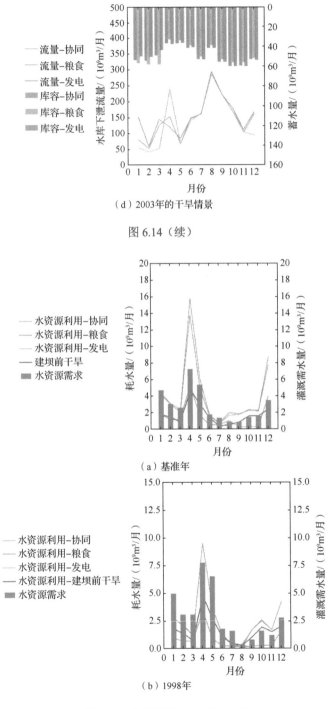

（d）2003年的干旱情景

图 6.14（续）

（a）基准年

（b）1998年

图 6.15 总灌溉需求量和耗水量

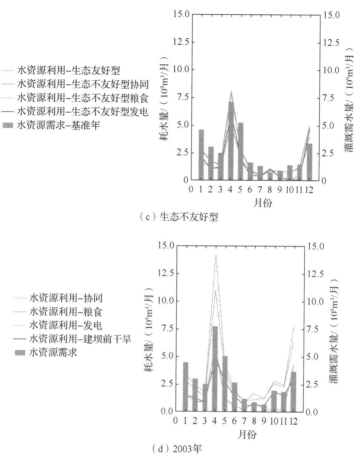

（c）生态不友好型

（d）2003年

图 6.15（续）

如图 6.16 所示，小湾水库在基准年的粮食情景下的 4～6 月保持低水位，而在其他月份保持满库容的状态；沙耶武里水库除在 5 月增加蓄水外，其他月份表现为相似的规律。在基准年的发电情景下，小湾水库在 2～6 月释放全部有效库容。在生态友好型情景下，小湾水库在旱季保持最低水位，并在洪水期开始蓄水。

澜沧江-湄公河流域建立水文-经济优化模型量化了发电效益、灌溉效益和渔业效益之间的协同和竞争关系。其中，发电效益和灌溉效益的竞争关系取决于水库下泄流量的时间。发电情景水库的旱季下泄流量多于灌溉情景水库的下泄流量。在 1998 年和 2003 年等典型干旱年，合理的水库调度能够有效减轻原有的灌溉损失。此外，渔业效益本身与发电效益和灌溉效益均存在竞争关系。能够有效提高渔业效益的流量过程会限制水库的发电效益，同时其在旱季的低流量过程会显著地降低灌溉效益。

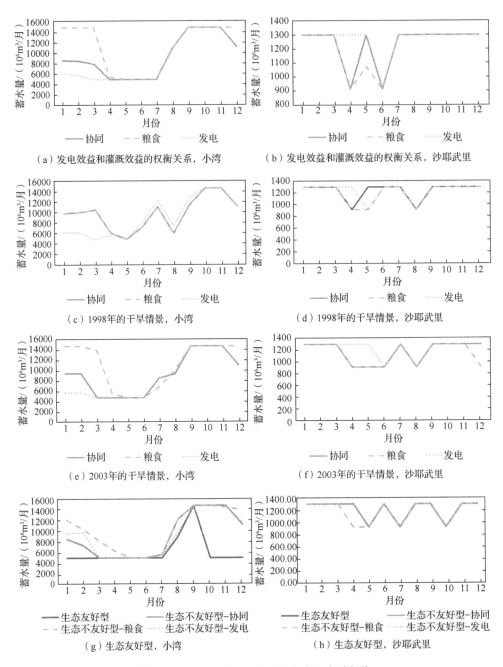

（a）发电效益和灌溉效益的权衡关系，小湾　　　（b）发电效益和灌溉效益的权衡关系，沙耶武里

（c）1998年的干旱情景，小湾　　　（d）1998年的干旱情景，沙耶武里

（e）2003年的干旱情景，小湾　　　（f）2003年的干旱情景，沙耶武里

（g）生态友好型，小湾　　　（h）生态友好型，沙耶武里

图6.16　小湾水库和沙耶武里水库调度过程线

6.6 小　　结

本章在澜沧江-湄公河流域构建了水文-经济优化模型,包含水文模块、灌溉模块、发电模块以及渔业流量限制等。研究收集了模型所需的水文气象数据、水库数据和灌溉数据,并基于统计数据和已有研究结果对模型模拟结果进行率定和验证,结果显示模型能够较好地模拟出流域的水文过程、发电及灌溉效益。

通过设置不同的情景,模型量化了水库建设和调度对发电效益、灌溉效益和渔业效益的影响,量化了各种效益之间的协同关系和竞争关系。模拟结果显示,与生态不友好型情景相比,协同情景下灌溉效益增加 49%,而发电效益变化不大。在发电情景下,增加发电效益可能会显著地降低灌溉效益,下降幅度可达57%。

渔业的“良好设计”流量过程能够增加流域的渔业效益,增加幅度可达 76%,但会减少 48%的灌溉效益和 17%的发电效益,即渔业效益与发电、灌溉效益均存在明显的竞争关系。在发电情景下,老挝获益最多,其发电效益和灌溉效益均能够得到有效增长。在灌溉情景下,越南则获益最大,其灌溉效益增长幅度明显。模型定量地模拟发电效益与灌溉效益的竞争关系,以及渔业效益与其他效益的竞争关系,为全流域合作提供了重要的政策分析工具。

第7章 澜沧江-湄公河水合作演化的
社会水文模型研究

7.1 导　　言

随着气候变化和人类活动的加强，越来越多的学者开始关注水文变化和人类活动的互相影响。社会水文模型研究社会水文系统的人水耦合演化机制，能够为跨境河流合作的演化提供有效的研究范式。社会水文系统是指人类社会与水文系统相互作用、共同演化的系统。进入"人类世"（anthropocene）以来，人类社会与水文系统的联系越来越紧密，两者的耦合演化也逐渐加强。在社会水文系统耦合演化的过程中，一方面，人类活动对水文系统造成影响并越来越显著，例如大规模的蓄水、排水、调水、取水等行为对水循环的影响；另一方面，人类的行为也会因水文系统的变化而做出调整（Sivapalan et al.，2012），如人类对洪水、干旱等自然灾害的应对等。传统的水文学和水资源研究往往针对自然环境下的水文水资源系统，或者单向、独立地考虑人类活动对水文系统产生的影响，而对人类社会与水文系统相互影响和共同演化的机制考虑较少。随着社会水文系统耦合演化的加强，在研究中考虑两者间直接和间接的互馈机制不可或缺（王浩 等，2006；Liu et al.，2014；Sivapalan et al.，2014）。

跨境河流系统是重要、特殊而复杂的社会水文系统，受到气候变化和人类活动的共同影响。其中，合作是跨境河流社会水文系统耦合演化的重要标志性变量。对跨境河流合作开展社会水文模型研究具有重要意义，有助于深入理解和揭示跨境河流社会水文系统耦合演化特征和机理，有助于分析在自然和社会驱动下的跨境河流系统变化规律，有助于为中长期跨境河流水资源管理提供理论支撑和政策建议。

7.2 模 型 构 建

为模拟澜沧江-湄公河流域的合作演化规律，分析社会水文系统演化的驱动机制，本研究建立了跨境河流水库调度合作的社会水文模型。模型模拟的现象主要包括，上游国家通过水库建设和调度获取发电效益，下游径流发生季节性变化，下游国家灌溉效益、渔业效益因此受到影响；下游国家出现合作需求并向上游国家表达关切；上游国家为获得间接的政治外交效益，改变水库调度规则，回应下游关切。下文将介绍模型结构和各模型模块。

7.2.1 模型结构

本模型采用分布式的模型框架，考虑上游中国、老挝和下游国家 3 个部分，其中中国和老挝为两个各自独立的决策者。由于缅甸在流域所占面积比例和用水比例均较低，下游国家主要考虑泰国、柬埔寨和越南三国。模型关注的用水行为为上游水库调度，即决策者中国和老挝的水库调度。考虑水库调度的两种基本情景，其中利他情景是指中国和老挝在水库调度过程中最大化下游三国的效益；利己情景是指中国和老挝完全按照自身调度规则进行调度而获取最大的发电效益。模型考虑的效益包括中国和老挝的发电效益、政治外交效益、下游三国的灌溉效益和渔业效益。模型中的合作强度是指在实际调度中，利他情景调度所占的权重。

本模型主要包括水文模拟、水库调度、效益计算和政策反馈 4 个模块，各关键变量及关系如图 7.1 所示。

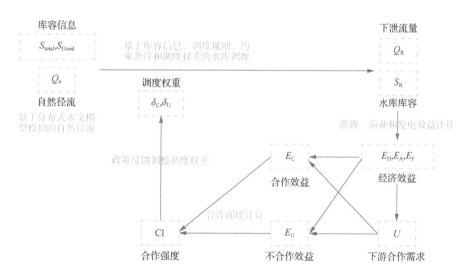

图 7.1 跨境河流水库调度合作的社会水文模型框架图

在水文模拟模块，在澜沧江–湄公河流域建立分布式水文模型，用以模拟流域不同干支流站点未受水库调度影响的自然径流量 Q_n。

在水库调度模块，基于水库的库容信息（如总库容 S_{total}、汛限水位对应库容 S_{flood} 等）、调度规则、约束条件和调度权重，考虑两种基本情景。在利他情景下，上游水库在满足必要约束条件下完全根据下游的灌溉需求和渔业需求进行调度，使下游效益最大化，下泄流量为 Q_C。在利己情景下，上游完全根据发电调度规则进行调度，使上游发电效益最大化，下泄流量为 Q_U。基于两种调度的下泄流量，对应的调度权重 δ_C 和 δ_U，计算得到实际下泄流量 Q_R 和水库库容 S_R。

在效益计算模块，基于实际下泄流量 Q_R 和水库库容 S_R，计算各部分经济效益，包括上游中国和老挝的发电效益 E_H，下游三国的灌溉效益 E_A 和渔业效益 E_F。基于下游国家实际经济效益与预期效益的差值，计算下游合作需求 U。基于经济效益和下游合作需求，分别计算在利他情景和利己情景下上游国家可以获得的效益 E_C 和 E_U。

在政策反馈模块，基于合作强度计算公式，计算上游国家水库调度合作强度 CI，用以通过政策反馈调整水库调度权重。基于以上模型框架分别模拟中国和老挝两个决策者的合作强度演化，模型计算步长为 1 个月。

7.2.2　水文模拟模块

在水文模拟模块,本研究采用分布式水文模型 THREW 进行全流域水文模拟，获取不受水库调度影响的自然径流量。THREW 模型基于代表性单元流域（representative elementary watershed，REW）的方法对研究流域进行划分，代表性单元流域可进一步划分为植被、裸土、冰川、积雪、子河网、主河道、地下饱和、地下非饱和等 8 个子区。模型基于尺度协调的平衡方程、几何关系和本构关系构建（田富强 等，2008）。THREW 模型在全球不同流域得到了广泛的应用，并取得了良好的模拟效果（Mou et al.，2008；Li et al.，2012），其中径流模拟能够考虑冰川、积雪融化的影响，在高寒山区模拟效果良好（He et al.，2015；徐冉 等，2015）。

在本研究中，基于澜沧江-湄公河流域的数字高程模型数据，将全流域划分为651 个代表性单元流域，如图 7.2 所示。关于模型输入数据，WFD（water and global change forcing data，水和全球变化驱动数据）能够提供 1990~2001 年的降水、温度和潜在蒸散发量数据（Weedon et al.，2014）。此外，热带降水测量任务（tropical rainfall measuring mission，TRMM）卫星降水数据在该流域的水文模拟中表现较好并得到验证（MRC，2019），同样可作为模型降水输入数据，可提供 1998~2018 年的降水数据。2002~2018 年的温度和潜在蒸散发量数据来自流域气象站点数据并计算得到。模型需要的归一化差值植被指数（normalized difference vegetation index，NDVI）为 Landsat 卫星数据，叶面积指数（leaf area index，LAI）和积雪数据为中分辨率成像光谱仪（moderate-resolution imaging spectroradiometer，MODIS）数据，冰川数据采用全球陆地冰的空间测量（global land ice measurements from space，GLIMS）数据。

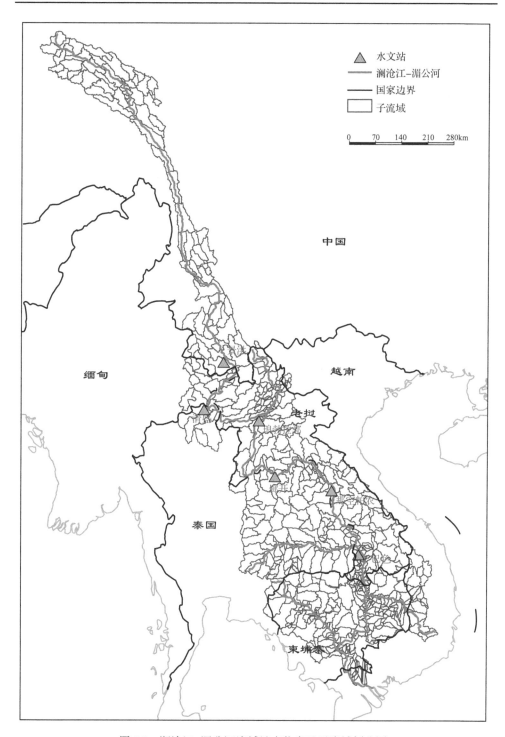

图 7.2　澜沧江-湄公河流域站点信息及子流域划分图

关于水文数据，图 7.2 中的径流站点从上游到下游依次为景洪、清盛、琅勃拉邦、廊开、那空帕农、巴色。其中，清盛、琅勃拉邦、那空帕农径流数据的时间覆盖范围为 1990～2016 年，廊开径流数据的时间覆盖范围为 1990～2007 年，巴色径流数据的时间覆盖范围为 1990～2006 年。

本研究中的社会水文模型选取 2000～2018 年为研究期。为避免澜沧江干流主要水库的建成调度对径流的影响，选取 1990～1999 年的站点径流数据对模型参数进行率定，即选定为模型率定期，得到不受水库影响的自然状态下的参数集。基于此套模型参数集和对应的降水、温度、潜在蒸散发量、NDVI、LAI、积雪和冰川数据，模拟 2000～2018 年不受水库影响的自然径流数据，其中 2000～2009 年为模型模拟的验证期。

7.2.3 水库调度模块

澜沧江-湄公河水文系统较为复杂，支流众多。中国在澜沧江干流、老挝及下游其他国家在湄公河干支流上均建设了若干水库，水库系统也较为复杂（见第 6 章）。本研究对水文系统和水库系统进行合理简化。中国在境内的澜沧江干流建设了梯级水电站，其中已建成的小湾水电站和糯扎渡水电站为多年调节水库，其运营时间、装机容量、有效库容、死库容、最大库容等信息见表6.2。据统计，小湾水电站和糯扎渡水电站的总库容占澜沧江干流已建成水电站总库容的 90% 以上（Han et al.，2019）。因此，可以将中国境内水库简化为小湾和糯扎渡两座水电站。

老挝曾提出发展成为"东南亚蓄电池"的目标，在湄公河干支流规划和建设了大量水电站，其中沙耶武里水库于 2019 年完工，栋沙宏水库也已经开工建设。这些水库的建设和调度同样对下游国家的径流的季节性分布产生影响。由于模型研究期为 2000～2018 年，可以暂不考虑老挝在湄公河干流建设的水库。本研究将老挝已建成的支流水库集合为一个水库，包括位于上游的支流水库和下游"3S" [Sekong（塞公河）、Sesan（塞桑河）、Srepok（斯瑞博河）] 地区的水库（Li et al.，2019）。老挝水库数据来自国际农业研究磋商组织（CGIAR），老挝支流水库的有效库容从 2000 年的 50.74 亿 m^3 增长到 2018 年的 210.66 亿 m^3。在下游湄公河区域，老挝水库约占同期区域内有效库容的 73.4%（MRC，2019），本研究仅考虑老挝水库，不再考虑下游泰国、柬埔寨和越南的水库调度及其发电效益。

综上所述，本模型对澜沧江-湄公河水文系统和水库系统进行合理简化，在 2000～2018 年的研究期内仅考虑中国的小湾水库、糯扎渡水库和老挝支流水库，如图 7.3 所示。图中 T_0～T_6 分别为上游或支流自然径流量，QL_1～QL_9 分别为干流各节点径流量，W_1～W_3 分别为泰国、柬埔寨和越南的取用水量。对于每个水库节点和非水库节点，均满足水量平衡方程。对于非水库节点，上游径流量与支流径流量等于下泄流量与取用水量之和。以泰国非水库节点为例，水量平衡方程如式（7.1）所示，QL_6 为来自上游老挝的径流量，T_5 为泰国支流径流量，W_1 为泰国取用水量，QL_7 为泰国下泄流量。对于水库节点，水库库容变化量等于上游来流量与下泄流量之差。以糯扎渡水库为例，水量平衡方程如式（7.2）所示，其中 QL_1 为上游干流下泄流量，T_1 为支流进入糯扎渡水库的径流量，QL_2 为糯扎渡水库泄水量，ΔS 为糯扎渡水库库容变化量。

$$QL_6 + T_5 - W_1 = QL_7 \tag{7.1}$$

$$QL_1 + T_1 - QL_2 = \Delta S \tag{7.2}$$

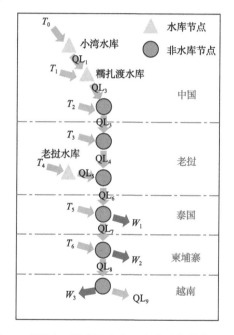

图 7.3　澜沧江-湄公河水文及水库系统简化示意图

　　对于模型中水库的调度，基于水库信息和径流信息，分别考虑利他和利己两种调度情景。在利己调度情景下，中国和老挝只考虑自身调度规则，总体发电效益较大。小湾和糯扎渡水库有总库容 S_{total}、汛限水位对应库容 S_{flood} 和死库容 S_{dead} 数据，老挝水库有有效库容 S_{live} 数据。澜沧江-湄公河流域汛期为每年 6～10 月，非汛期为 11 月至次年 5 月。对于小湾和糯扎渡水库，调度规则为在汛期维持汛限水位对应库容 S_{flood}，在非汛期维持总库容 S_{total}，另外保证最小下泄流量，如式（7.3）和式（7.4）所示。当 $t-1$ 时间水库实际库容 $S_{\text{R},t-1}$ 小于目标库容 S_{flood} 或 S_{total}，则水库继续蓄水；否则增大下泄流量。对于老挝水库，由于缺少具体的库容信息，调度规则为维持有效库容，则下泄流量 $Q_{U,t}$ 计算如式（7.5）所示。基于式（7.2）可计算 t 时间的库容 $S_{R,t}$。

$$Q_{U,t} = \max\left(S_{R,t-1} + Q_{in,t} - S_{total}Q_{min}\right), \quad t \text{ 为 1、2、3、4、5、11、12} \quad (7.3)$$

$$Q_{U,t} = \max\left(S_{R,t-1} + Q_{in,t} - S_{flood}Q_{min}\right), \quad t \text{ 为 6、7、8、9、10} \quad (7.4)$$

$$Q_{U,t} = \max\left(S_{R,t-1} + Q_{in,t} - S_{live}Q_{min}\right) \quad (7.5)$$

式中：$Q_{U,t}$ 为 t 时间按照调度规则下泄流量；$S_{R,t-1}$ 为 $t-1$ 时间水库实际库容；$Q_{in,t}$ 为 t 时间上游来流量；Q_{min} 为最小下泄流量；t 为月份。

在利他调度情景下，上游水库调度目标为使下游泰国、柬埔寨、越南的灌溉效益和渔业效益最大化。下游国家效益的计算详见 7.2.4 小节。在最优化求解中，需要考虑水库在汛期和非汛期最大库容、最小库容和最小下泄流量的约束。其中，小湾和糯扎渡汛期最大库容为水库汛限水位对应库容，非汛期最大库容为总库容，最小库容均为死库容；老挝水库最大库容为有效库容，最小库容为 0。优化下游效益得到的水库下泄流量和水库库容分别计为 Q_C 和 S_C。

如图 7.1 所示，基于利己和利他情景下的水库下泄流量 Q_U 和 Q_C、对应的调度权重 δ_U 和 δ_C，计算实际下泄流量 Q_R，并基于水量平衡方程计算对应的实际库容 S_R，如式（7.6）所示。其中，调度权重满足式（7.7）的关系。如果式（7.6）计算的得到的实际下泄流量 Q_R 及对应实际库容 S_R 违反了最大库容约束、最小库容约束和最小下泄流量约束，则应该进行相应的修正。基于水库库容和下泄流量，计算水库调度的发电效益，如式（7.8）所示。

$$Q_R = \delta_U \times Q_U + \delta_C \times Q_C \quad (7.6)$$

$$\delta_U + \delta_C = 1 \quad (7.7)$$

$$E_H = ph \times 9.81 \times Q \times \Delta h \times \eta \quad (7.8)$$

式中：ph 为发电价格；Q 为下泄流量；Δh 为库容对应的水头差，可由水位库容曲线计算得到；η 为发电效率。

7.2.4 效益计算模块

本研究中考虑中国、老挝的发电效益，泰国、柬埔寨和越南的灌溉效益和渔业效益。其中中国和老挝的发电效益如式（7.8）所示，不再赘述。由于水稻是湄公河下游的主要农业作物，其灌溉用水是下游主要的耗水方式，而雨养作物因无须取水不影响河道径流量，本研究中计算的灌溉效益主要考虑下游三国水稻灌溉的效益，不考虑其他作物和雨养水稻的效益。关于灌溉效益的计算，本模型采用作物水分生产函数（crop water production function）进行计算（Doorenbos et al., 1979），具体如式（7.9）和式（7.10）所示。

$$E_{\mathrm{A}} = \mathrm{pa} \times Y_{\mathrm{a}} \times A \tag{7.9}$$

$$1 - \frac{Y_{\mathrm{a}}}{Y_{\mathrm{m}}} = K_{\mathrm{y}} \times \left(1 - \frac{\mathrm{AET}}{\mathrm{PET}}\right) \tag{7.10}$$

式中：pa 为水稻价格；A 为水稻灌溉种植面积；Y_{a} 和 Y_{m} 分别为实际作物产量和最大作物产量；K_{y} 为作物产量响应系数；AET 和 PET 分别为实际蒸散发量和最大蒸散发量。下游泰国、柬埔寨和越南的水稻价格、灌溉面积、水稻产量和灌溉取水量如表 7.1 所示。

表 7.1　泰国、柬埔寨、越南农业灌溉信息表

项目	泰国	柬埔寨	越南	数据来源
水稻价格/（美元/t）	243.8	267.6	248.0	MRC（2019）
灌溉面积/$10^6 \mathrm{hm}^2$	1.425	0.505	1.921	Cramb（2020）
水稻产量/（t/hm²）	3.78	4.38	5.72	MRC（2019）
灌溉取水量/亿 m³	162.4	16.8	291.2	FAO（2019b）

下游国家的最大水稻产量均设置为 8.5t/hm²（FAO，2004）。PET 为潜在蒸散发量 ET$_0$ 与作物系数 K_{c} 的乘积，如式（7.11）所示。潜在蒸散发量使用 FAO 推荐的彭曼-蒙特斯公式（FAO Penman-Monteith 公式）计算，如式（7.12）所示。

$$\mathrm{PET} = K_{\mathrm{c}} \times \mathrm{ET}_0 \tag{7.11}$$

$$\mathrm{ET}_0 = \frac{0.408\Delta\left(R_{\mathrm{n}} - G\right)}{\Delta + \gamma\left(1 + 0.34u_2\right)} + \frac{\dfrac{900}{T + 273}\gamma u_2\left(e_{\mathrm{s}} - e_{\mathrm{a}}\right)}{\Delta + \gamma\left(1 + 0.34u_2\right)} \tag{7.12}$$

式中：Δ 为饱和水汽压-温度曲线斜率；R_{n} 为净辐射；G 为地表热通量；γ 为湿度计常数；T 为平均气温；u_2 为风速；e_{s} 和 e_{a} 分别为饱和水汽压和实际水汽压。

AET 计算如式（7.13）所示（Allen et al.，1998；Kaboosi et al.，2012）。在本模型中，泰国、柬埔寨、越南的灌溉取用水量分别为 W_1、W_2 和 W_3。

$$\mathrm{AET} = \mathrm{PE} + \mathrm{IR} \times \theta \tag{7.13}$$

$$\mathrm{PE} = \begin{cases} \max\left(0, f \times \left(1.253 P^{0.824} - 2.935\right) \times 10^{0.001PET}\right), & P \geqslant 12.5\mathrm{mm} \\ P, & P < 12.5\mathrm{mm} \end{cases} \tag{7.14}$$

式中：IR 为单位面积的灌溉量；θ 为灌溉效率系数；PE 为有效降水量（雷霄雯，2020）；P 为实际降水量；f 为修正系数，在灌溉区取值 1.012。

渔业是湄公河下游国家的重要产业之一，影响当地就业、生活水平，与湄公河生态环境息息相关，但对渔业效益的量化十分困难。在已有研究中，渔业产量计算一般需要大量输入数据，例如鱼类的生长率、死亡率、补充率、捕捞努力量

等（Baran et al.，2001）。已有的渔业产量模型包括渔业产量与水位的关系（Hortle et al.，2005）、渔业产量与淹没面积的关系等（Burbano et al.，2020）。将包含了水力学模型在内的复杂的渔业产量模型耦合进本模型存在一定困难，且渔业产量模型本身也缺乏标准的模型框架，存在较大不确定性。由于本研究重点关注湄公河下游径流量对渔业产量及效益的影响，在模型中采用渔业产量与径流关系曲线（Ringler，2001），该关系曲线在湄公河流域得到了应用和验证（Ringler et al.，2006），具体如式（7.15）和式（7.16）所示。总体上，关系曲线通过曲线形状参数将渔业产量与最大径流量、最小径流量及实际径流量联系起来。如图7.3所示，QL_7、QL_8 和 QL_9 分别为泰国、柬埔寨和越南的径流量，用以计算下游三国的渔业产量及效益。

$$\text{iff} = \arctan \frac{Q - Q_{\min}}{Q_{\max}} \times \left[1 - b \times \left(\frac{Q - Q_{\min}}{Q_{\max}} - c \right)^2 \right] \tag{7.15}$$

$$E_{\text{F}} = \text{pf} \times \text{iff} - F_{\cos} \tag{7.16}$$

式中：iff 为渔业产量；$Q_{\max}$ 和 $Q_{\min}$ 分别为历史月最大径流量和月最小径流量；b 和 c 为关系曲线形状参数；pf 为渔业价格；$F_{\cos}$ 为渔业固定成本。

7.2.5　政策反馈模块

上游国家中国和老挝的合作行为有多种形式，如信息共享、共同投资等（Sadoff et al.，2002）。本研究重点考虑上游国家的水库调度合作行为，其合作行为表现为在调度过程中考虑下游国家效益，而非完全按照上游水库调度规则进行调度。总体上，政策反馈模块基于合作强度计算公式、上游决策者中国和老挝在利他情景和利己情景下的效益，计算水库调度合作强度，从而改变上游水库调度规则。

对于上游国家中国和老挝的效益计算，直接效益包括经济效益和生态效益，间接效益为政治外交效益。本模型重点考虑上游国家的经济效益和政治外交效益。如前文所述，其经济效益只考虑发电效益。政治外交效益包括因跨境河流合作而减少政治外交成本的效益和因各国经济一体化而超越跨境河流的效益（Sadoff et al.，2002）。本模型引入下游合作需求 U 作为中间变量，用以量化因跨境河流合作而减少政治外交成本的效益，将下游国家效益与其预期效益的差转化为合作需求，从而影响上游国家的政治外交效益。下游国家效益与预期效益差值越大，下游国家合作需求越大，同时下游国家对上游国家的负面评价越多，这种负面评价以非正式或正式表达的形式呈现，包括外交抗议等（Yoffe et al.，2003）。随着下游合作需求的增加，冲突程度将会增加，且会逐步向正式交涉抗议、外交经济敌对措施、政治军事敌对措施等演变（Yoffe et al.，2003），因此下游合作需求本身也可作为衡量跨境流域发生冲突风险的量化指标。

关于下游合作需求 U 的计算，基于行为经济学中的展望理论（Kahneman et al.，1979），下游国家对灌溉效益和渔业效益设定一定预期并作为参考点，当实际效益高于预期效益时视为收益，实际效益低于预期效益时视为损失。如式（7.17）所示，下游国家合作需求与预期效益和实际效益的差值成正比，即与预期效益相比，实际效益越小下游合作需求越大。另外，下游国家对不同效益存在不同的重视程度，效益敏感度 ε_A 和 ε_F 分别表示对灌溉效益和渔业效益的重视程度，效益敏感度值越大，表示对该行业效益越重视。基于下游合作效益，计算上游政治外交效益 E_P，如式（7.18）所示。其中，P 为政治权重，表征国家对政治外交关系的重视程度。一方面，下游国家合作需求越大，上游国家的政治外交效益越小；另一方面，上游国家对与下游国家政治外交关系越重视，政治权重越大，政治外交效益的绝对值越大。此外，为减少不同行业效益数量级的差别对结果的影响，统一用预期效益进行归一化。

$$U = \varepsilon_A \times \frac{E_{Amax} - E_A}{E_{Amax}} + \varepsilon_F \times \frac{E_{Fmax} - E_F}{E_{Fmax}} \tag{7.17}$$

$$E_P = -P \times U \tag{7.18}$$

如前文所述，在利己情景下，中国和老挝按照调度规则进行水库调度，可获得较大的发电效益 $E_{H,U}$，同时由于下游国家实际效益相对较低，下游国家合作需求 U_U 较大，则上游国家政治外交效益 $E_{P,U}$ 较小。反之，在利他情景下，中国和老挝调度水库使下游效益最大化，则获得的发电效益 $E_{H,C}$ 较小；但由于下游国家实际效益相对较高，合作需求 U_C 较小，则上游国家政治外交效益 $E_{P,C}$ 较大。基于概率选择动力系统计算公式，计算中国和老挝的水库调度合作强度，如式（7.19）所示。其中，s 为合作强度转换速率，μ 为合作形状参数。μ 表征了决策对成本差异的敏感性，即 μ 值越大，决策者越容易从效益较小的选择转换为效益更大的选择；反之，决策者更不容易从效益较小的选择转换为效益更大的选择（Iwasa et al.，2007）。

$$\frac{dCI}{dt} = s \left(\frac{e^{\mu\left(\frac{E_{H,C}}{E_{Hmax}} - U_C \cdot P\right)}}{e^{\mu\left(\frac{E_{H,C}}{E_{Hmax}} - U_C \cdot P\right)} + e^{\mu\left(\frac{E_{H,U}}{E_{Hmax}} - U_U \cdot P\right)}} - CI \right) \tag{7.19}$$

上游国家水库调度合作强度决定了上游调度规则，令合作强度与利他情景调度规则的调度权重相等，即式（7.20）。当利他情景下上游国家效益相对利己情景效益增加时，合作强度上升，则利他情景调度权重 δ_C 增加，上游国家在调度过程中将更多考虑下游国家需求。

$$\delta_C = CI \tag{7.20}$$

7.2.6　情感分析验证

关于为了量化政治外交效益而引入的中间变量——下游合作需求 U，需要通过数据资料进行验证。下游合作需求是由于下游国家实际效益没有达到预期效益而产生，因此本研究采用对下游国家新闻媒体资料的情感分析方法，获取下游国家对上游水库调度的情感值，与模型模拟的下游合作需求值进行对比验证。情感分析法是一种量化社会数据的重要工具，基于一定算法对文本数据进行分析，分析文本的主要含义，并对文本数据进行情感值的赋值（Bravo-Marquez et al.，2014；Jiang et al.，2016；Ghani et al.，2019；Wei et al.，2021），详见第 5 章。

在本研究中，采用情感分析法分析下游国家英文媒体关于中国和老挝水库调度行为的新闻的情感值。新闻文章能够反映公众对某些影响群体利益的事件的观点，已有研究通过对新闻文章的分析，反映公众对经济发展和生态保护的观点变化趋势（Wei et al.，2017）。由于越南和柬埔寨缺少时间序列长且完整的英文媒体库，本书选取泰国的长时间序列英文新闻文章作为分析对象。

具体地，LexisNexis 数据库是涉及新闻、法律、政府出版物、社会信息等内容的数据库，能够提供全球范围内历史和最新的新闻文章数据，具有很强的代表性（Weaver et al.，2008）。本研究利用 LexisNexis 数据库收集泰国英文新闻文章数据，手动筛选后进行情感分析。尽管英文并非当地语言，但仍然是分析公众观点的重要依据。首先，选择新闻文章搜索的关键词，并选择筛选条件，数据筛选为自动筛选收集，筛选条件和关键词描述如表 7.2 所示。其次，通过人工筛选剔除重复数据和不相关数据。再次，通过计算机文本分析算法进行分析，并结合人工阅读进行调整，对每条新闻进行情感值赋值。这一筛选和分析的流程和方法详见第 5 章。最终，通过筛选分析获得的各条有效数据具有新闻标题、出版时间、情感类别（积极或消极）和情感值（sentiment value）等信息。其中，情感值的范围为-1～1，正值表示此新闻为积极态度，负值表示消极态度，0 值附近表示中立态度。在本研究中，情感值的正值表示泰国对中国和老挝的水库调度持合作积极的态度，反之则代表泰国对上游水库调度持反对态度。

表 7.2　新闻数据筛选条件和关键词描述信息表

筛选条件	关键词描述
必须包含的关键词	Mekong
至少包含与"水"相关的关键词之一	water, river, lake, dam, irrigation, flood, drought, fishery, hydropower, reservoir, flow, discharge
至少包含与"合作"、"冲突"相关的关键词之一	cooperation, conflict, treaty, agreement, negotiation, dispute, protest, boycott
至少包含与"国家"相关的关键词之一	China, Laos, Myanmar, Cambodia, Vietnam, Thailand
出版地点	Thailand
出版年份	2000～2018

7.3 模型模拟及分析

7.3.1 水文模拟结果分析

基于 1990～2009 年的径流数据对模型参数进行率定和验证，其中 1990 年为模型预热期，1991～1999 年为率定期，2000～2009 年为验证期，模拟结果如图 7.4 所示。各站点分布详见图 7.2。其中，廊开率定期和验证期日径流纳什效率系数（NSE）分别为 0.81 和 0.82，清盛分别为 0.83 和 0.85，那空帕农分别为 0.81 和 0.77，琅勃拉邦分别为 0.85 和 0.83，巴色分别为 0.84 和 0.93。

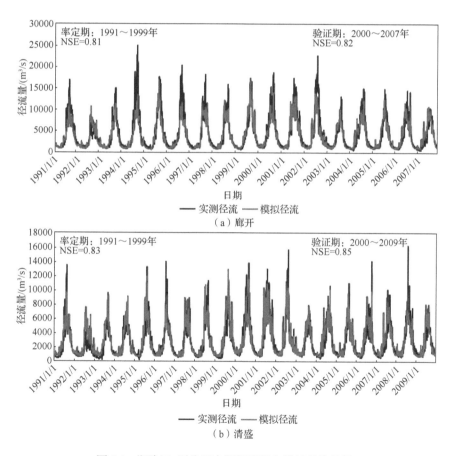

图 7.4 澜沧江-湄公河实测径流量和模拟径流量图

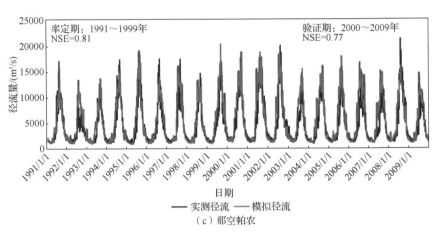

（c）那空帕农

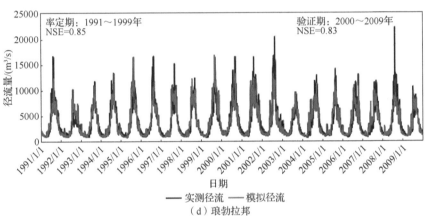

（d）琅勃拉邦

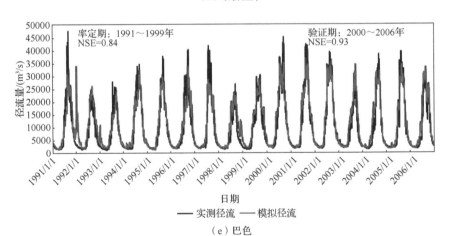

（e）巴色

图 7.4（续）

总体上看，除那空帕农验证期外，其他站点率定期和验证期的纳什效率系数均在 0.8 以上，巴色验证期纳什效率系数达到 0.9。因此，基于 THREW 模型建构的澜沧江-湄公河分布式水文模型可以较好地模拟流量过程。相对于雨季，模型在干流各站点旱季具有更好的模拟效果。在雨季，部分站点对洪峰的模拟值低于实测值。由于本模型不考虑防洪效益，发电效益和灌溉效益主要受可用水量的影响，因此低估洪峰对后续分析影响有限。防洪效益对上下游合作的影响有待进一步的研究。

基于上述水文模型，对澜沧江-湄公河 2000～2018 年的自然径流量进行模拟，从而得到在不受水库调度影响的自然条件下，澜沧江-湄公河干流和支流的径流量。根据图 7.3 的流域水文系统简化图，得到 $T_0 \sim T_6$ 的上游和支流自然径流量的月度时间序列数据，作为模型的水文输入数据。

7.3.2　水库调度结果分析

模拟在典型枯水年和典型平水年，不同调度情景下水库的调度结果。对于水库调度，考虑两种基本调度方式：一种为利己情景下的调度方式，即中国和老挝完全按照自身调度规则进行调度；另一种为利他情景下的调度模式，即中国和老挝在满足一些条件约束的情况下最大化下游效益。此外，研究还在合作强度 CI＝0.5 的部分合作情景下，模拟了中国和老挝水库调度结果，并在初始库容为满库容条件下，将 3 种情景下的水库调度下泄流量进行对比分析。

如图 7.5 所示，研究模拟了在典型枯水年 2015 年，中国的小湾和糯扎渡水电站、老挝水库在年初库容为满库容条件下，利己、利他和部分合作情景下的水库库容和下泄流量变化。在利己情景下，水库完全按照自身调度规则进行调度，模型中 3 个水库都维持在较高水位；而在部分合作和利他情景下，水库水位较低。特别对于利他情景，中国和老挝的水库库容最低，年末库容显著小于年初库容。模拟结果表明，在典型干旱年的利他情景下，上游国家通过减少水库蓄水、加大泄流量满足下游国家需求。

图 7.6 展示了在典型平水年 2017 年，小湾、糯扎渡和老挝水库在年初水库库容为满库容条件下，利己、利他和部分合作的情景下的水库库容和下泄流量变化。在利他和部分合作情景下，中国和老挝水库下泄流量比利己情景更大，水库库容维持在相对较低的水平。与 2015 年典型干旱年相比，小湾、糯扎渡和老挝水库在利他及部分合作情景下，库容相对较高，即利他情景下平水年上游水库库容较枯水年库容更高。

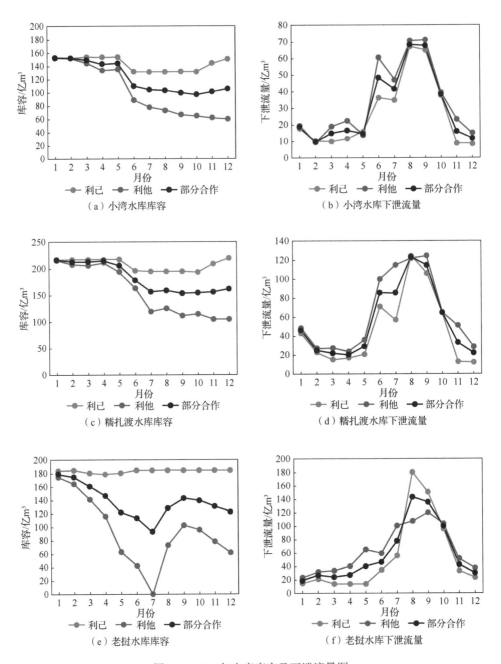

图 7.5　2015 年水库库容及下泄流量图

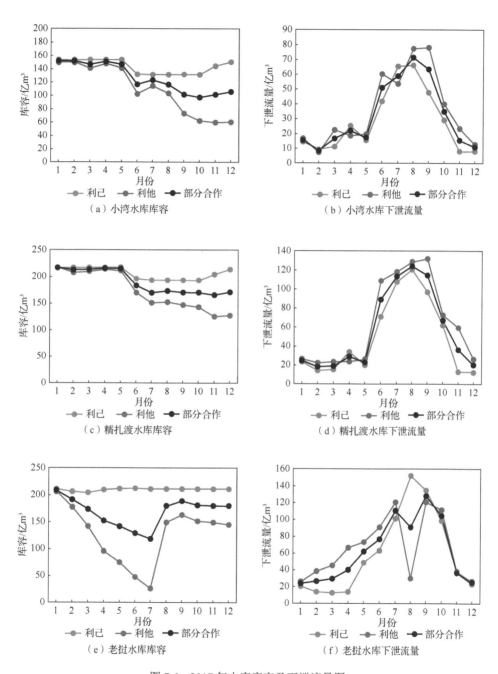

图 7.6   2017 年水库库容及下泄流量图

位于中国和老挝的水库对下游径流的季节性分布产生影响，特别是增加了在旱季向下游下泄流量。如图 7.7 所示，在典型枯水年 2015 年的枯水期（1～5 月和 11～12 月），与自然径流量相比，小湾、糯扎渡和老挝水库在利己情景下的下泄流量均较小，而在利他情景下的下泄流量均较大，合作强度 CI = 0.5 的部分合作情景下的下泄流量也高于自然径流量。在典型平水年 2017 年的枯水期，各水库在利他情景下的下泄流量均高于利己情景下的下泄流量和自然径流量；但在合作强度 CI = 0.5 的部分合作情景下，小湾水库下泄流量略低于自然径流量，糯扎渡水库下泄流量与自然径流量接近，老挝水库下泄流量高于自然径流量。

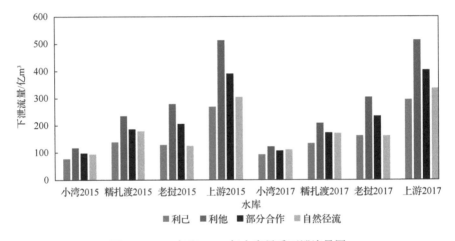

图 7.7　2015 年和 2017 年水库旱季下泄流量图

如图 7.7 所示，在 2015 年和 2017 年，部分合作情景下的上游下泄流量均高于自然径流量，其中在典型枯水年 2015 年，部分合作情景下的上游下泄流量较自然径流量的增量比 2017 年大。因此，上游中国和老挝的水库在利他情景下具有显著的补充枯水期流量的作用，特别是在枯水年份对枯水期流量的补充作用更加显著。

研究对多年水库调度的库容和下泄流量进行模拟，分析在库容等约束条件和流域合作动态演化中，利己情景和部分合作情景下小湾、糯扎渡和老挝水库的动态变化。这里的部分合作是指以合作强度为权重的加权调度，即模型模拟的实际调度。如图 7.8 所示，在利己情景下，小湾、糯扎渡和老挝水库在正常年份都能达到最大库容或最大有效库容。在部分合作情景下的模拟库容则在多数年份无法达到最大库容，即在多年连续调度的情况下，上游国家为满足下游需求需要加大下泄流量，导致上游水库蓄水量相对较低。

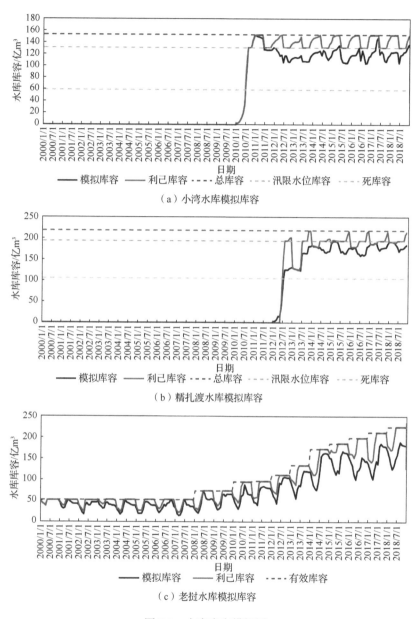

（a）小湾水库模拟库容

（b）糯扎渡水库模拟库容

（c）老挝水库模拟库容

图 7.8　水库库容模拟图

7.3.3　效益计算结果分析

对于上游中国和老挝，模型考虑基于小湾、糯扎渡和老挝水库的发电效益。对于下游泰国、柬埔寨和越南，主要考虑其灌溉效益和渔业效益。为率定和验证模拟得到的各国不同行业效益，本研究收集了文献中的数据，与模拟结果进行对比分析，文献统计效益和模型模拟效益见表 7.3。其中，中国发电效益根据文献中小湾水库和糯扎渡水库年发电量估算得出（Yu et al.，2019b），老挝发电效益统计数据来自湄委会报告（MRC，2019），下游各国灌溉效益数据由文献中的灌溉产量数据和湄委会报告中的水稻价格计算得出（MRC，2019；Cramb，2020），下游各国渔业效益由湄委会报告中的渔业产品价格和文献中的渔业产量计算得出（MRC，2019；Burbano et al.，2020）。结果显示，本模型的效益计算模块能够较好地模拟出各国不同行业效益。与统计效益值相比，老挝发电效益和越南灌溉效益模拟值偏小，其他效益的模拟值与统计值基本相符。

表 7.3　2018 年各国经济效益模拟值和统计值汇总表　（单位：10^6 美元）

项目	模拟效益	统计效益
中国发电效益	1954	2000
老挝发电效益	976	1076
泰国灌溉效益	1263	1314
泰国渔业效益	118	120
柬埔寨灌溉效益	593	592
柬埔寨渔业效益	1160	1188
越南灌溉效益	1728	2727
越南渔业效益	179	195

具体地，图 7.9 显示了中国和老挝在利他、部分合作和利己情景下的发电效益变化情况。2000 年以来，随着中国和老挝水库的不断建成运营，两国的发电效益呈现逐渐上升的趋势。在 2018 年，模型模拟的中国发电效益为 19.54 亿美元，而统计数据显示，小湾和糯扎渡水库年发电量约 400 亿 kW·h（Yu et al.，2019b），其效益统计值为 20 亿美元，模拟结果与统计数据相符。老挝支流水库不断增加，2018 年发电效益为 10 亿美元左右，与湄委会统计数据基本相符。

图 7.9 显示，中国和老挝在利他情景下，即完全根据下游需求进行调度时，发电效益最低；而在利己情景下，两国发电效益最高。与按照上游调度规则调度的效益相比，模型模拟的中国和老挝发电效益（即图中部分合作情景）相对较低，两者差值代表中国和老挝在实际中由于满足下游需求进行调度而造成的发电效益损失。由图可知，在 2015～2016 年的相对枯水年，中国和老挝的发电效益相对较低，为满足下游需求而产生的发电效益损失也相对较大。在 2017 年等平水年，中国和老挝的发电效益相对较高，为满足下游需求而产生的发电效益损失也相对较小。

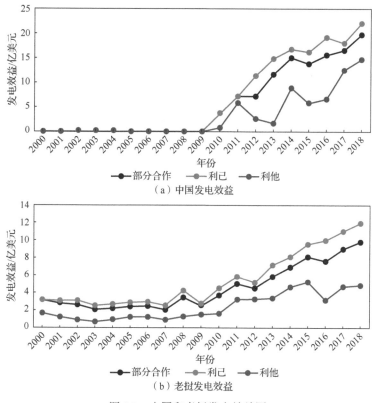

图 7.9　中国和老挝发电效益图

图 7.10 显示了下游泰国、柬埔寨和越南总效益、灌溉效益和渔业效益的变化。由图可知，在利己情景下，下游三国总效益最低，利他情景下的下游总效益最高，部分合作情景下的总效益介于两种情景之间。在 2015～2016 年的典型枯水年，下游总效益较低，而在典型平水年 2017 年下游总效益较高。与上游利己情景相比，

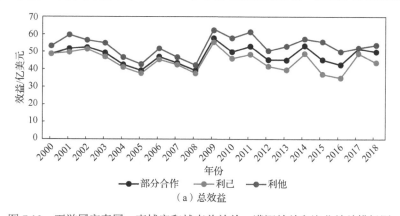

图 7.10　下游国家泰国、柬埔寨和越南总效益、灌溉效益和渔业效益模拟图

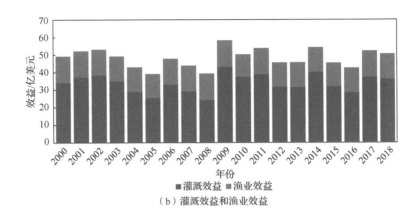

（b）灌溉效益和渔业效益

图 7.10（续）

部分合作情景下的下游总效益的增加值在典型枯水年相对较大，而在平水年相对较小；即在枯水年，上游水库的利他调度能够对下游产生更大的增益效果，对下游国家效益具有重要的支撑保障作用。

下游国家效益包括灌溉效益和渔业效益，其中灌溉效益的多年平均值为33.7 亿美元，渔业效益的多年平均值为 14.4 亿美元，模拟值与统计值基本相符。模拟结果显示，2018 年下游泰国、柬埔寨和越南灌溉量分别为 127 亿 m^3、12 亿 m^3 和 250 亿 m^3，灌溉总量为 389 亿 m^3，各国灌溉量模拟值与表 7.1 中的统计值 162.4 亿 m^3、16.8 亿 m^3 和 291.2 亿 m^3 基本相符（FAO，2019b），说明效益计算中的灌溉模块模拟效果较好。其中，2010 年由于小湾水库投产和自然径流较少，渔业效益明显减少；2015 年由于自然径流较少，渔业效益偏低。在这些特殊年份，渔业效益减少约 10%。已有研究表明，由于上游水库建设，下游国家渔业效益在 2030 年减少量可达 20%（Orr et al.，2012）。与这一数据相比，模拟结果中的渔业效益减少比例较为合理。此外，2012～2013 年由于自然径流相对较少及糯扎渡水库的蓄水，灌溉效益明显减少；2015～2016 年由于自然径流较少，灌溉效益明显减少。

此外，对比上游利己情景和部分合作情景下，上游国家的发电效益减少值和下游国家的效益增加值。如图 7.11 所示，在部分合作情景下，下游效益的增加值在绝大多数年份超过上游效益的减少值，即通过上游的合作调度，上游国家损失较小的发电效益，可以给下游国家带来较大的效益增加值。这一结果表明在澜沧江-湄公河流域开展基于水库调度的流域合作，能够提升全流域的整体效益，这与已有研究的结果相符（Yu et al.，2019a；Li et al.，2019；Do et al.，2020）。特别地，在典型干旱年 2015 年，下游效益增加值比上游效益减少值多出约 4.2 亿美元，体现了水库调度合作在枯水年提升全流域效益的重要作用。

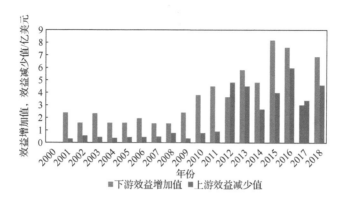

图 7.11　利他情景下上下游效益变化值模拟图

7.3.4　政策反馈结果分析

基于跨境河流合作的社会水文研究框架，本模型通过合作强度对上游中国和老挝的合作程度进行量化。此外，本研究还引入了下游国家的合作需求这一变量，用以反映下游国家实际效益与预期效益差值引起的下游国家对上游国家水库建设运营的关切，以及对上游国家合作行为的诉求。下游合作需求越大，上游国家面临的政治外交效益损失越大。本研究假设下游国家对灌溉效益与渔业效益的重视程度相同，即计算下游需求的式（7.17）中的效益敏感度 ε_A 和 ε_F 均设置为 0.5。

下游国家由于实际效益与预期效益差值产生的合作需求模拟结果如图 7.12 所示，与相邻年份相比，2004～2005 年、2008 年、2010 年、2012～2013 年、2015～2016 年的下游合作需求达到相对峰值。这些相对峰值都是由于下游预期效益与实际效益差距较大产生的。其中 2004～2005 年和 2015～2016 年的效益差距是由流域的干旱导致（MRC, 2019），下游灌溉效益和渔业效益相对较小。2010 年和 2012～2013 年，受到自然径流量减少和小湾、糯扎渡两座水电站投产运营的共同影响，下游灌溉效益和渔业效益相对较小，因此模拟的合作需求较大。

此外，模型模拟了中国和老挝各自的合作强度。老挝的合作强度从 2000 年开始变化，中国的合作强度从 2010 年小湾水库建成后开始变化。由于中国比老挝更加重视地缘政治利益与与下游的外交关系（Urban et al., 2018），公式中的政治权重 P 设置为 2，老挝的政治权重 P 则设置为 1。图 7.12 显示，老挝的合作强度先呈现增长的趋势，之后稳定波动；中国的合作强度从 2013 年开始持续增长，并从 2016 年开始超过老挝，达到相对较高水平（Feng et al., 2019）。2015 年，中国发起成立的澜沧江–湄公河合作机制将流域合作水平提升到较高的水平。面对 2015～2016 年的流域大旱，中方克服自身困难向下游应急输水，加大枯水期对下游国家的下泄流量，显著地缓解了下游国家旱情，减轻了下游国家由干旱导致的损失（Middleton et al., 2016）。

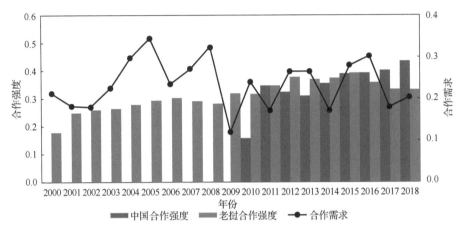

图 7.12　上游国家合作强度和下游国家合作需求模拟图

　　为了验证下游合作需求的模拟结果，针对下游国家对上游水库建设的新闻报道开展情感分析。首先，如 7.2.6 小节所述，为保证英文新闻的时间序列长度和相对完整性，本研究选取了泰国对上游国家水库建设运营的英文新闻数据进行分析。根据表 7.2 的筛选条件及关键词，本研究从 LexisNexis 数据库获得了 2000~2018 年的 4622 条英文新闻数据。其次，通过人工判读的方式进行筛选，删除重复和不相关的数据，共获得 2000~2018 年的 592 条英文新闻数据，人工筛选后逐年的新闻数据数量如图 7.13 所示，泰国针对上游国家水库建设运营的英文新闻数据呈现明显的上升趋势。2010 年前，每年相关新闻数据基本不超过 20 条；2010 年后相关新闻数据数量快速增长，大部分年份为 40 条以上。最后，基于计算机文本分析算法进行分析，并进行人工判读和调整，判定新闻数据正面或负面的情感态度，并赋予情感值。各年新闻数据的情感值平均值如图 7.13 所示，其中 2010 年后相关新闻数量相对较多，情感值平均值可信度更高。情感值正值为正面评价，负值为负面评价，情感值平均值相对较低表明该年份下游国家对上游国家的水库建设运营评价相对更加负面。

　　由图 7.13 可知，2004 年、2010 年、2012 年和 2015 年，情感值平均值与相邻年份相比相对较低，下游国家的负面情绪达到了相对峰值。模型模拟结果显示，下游国家合作需求在 2004~2005 年、2008 年、2010 年、2012~2013 年、2015~2016 年达到相对峰值。下游国家合作需求模拟结果与情感值平均值结果基本相符。如前文所述，水库蓄水和自然径流量减少导致的下游国家效益减少是下游国家合作需求升高的主要原因。此外，基于对新闻数据的人工判读，2010~2012 年情感值平均值相对较低和下游国家评价较为负面，其原因除中国小湾水库蓄水外，还包括老挝于 2009 年在干流启动建设的沙耶武里水电站。该水电站为老挝在湄公河干流建设的第一座水电站，被下游国家认为是明显违反 1995 年《湄公河流域可持续发展合作协定》的行为（Herbertson，2013），因此引起下游三国的强烈反对和负面评价。总体上看，本模型中的下游国家合作需求这一变量，能够较好地反映下游国家对上游国家水库调度的情感态度，可作为模拟分析干旱、上游水库调度等因素对下游国家情感态度的影响的有效工具。

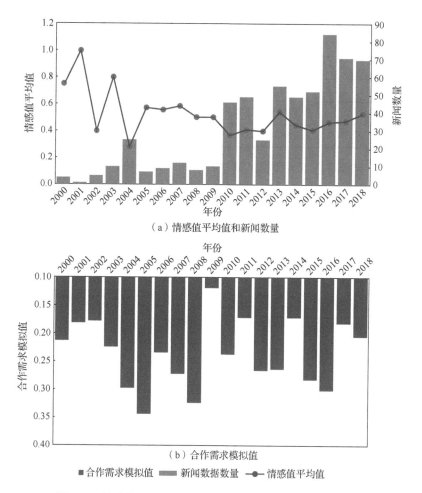

图 7.13　情感值平均值、新闻数据数量和合作需求模拟值图

由于模型结构和参数设置，模拟结果存在一定的不确定性。其中，针对下游合作需求的模拟是基于模型在不同参数组合下的模拟，分析因参数选择导致的下游合作需求模拟值的不确定性。选取模型中政策反馈模块中的 6 个关键参数，包

括灌溉敏感度 ε_{A}、渔业敏感度 ε_{F}、中国政治权重 P_{c}、老挝政治权重 P_{l}、合作强度转化速率 s、合作形状参数 μ，如表 7.4 所示。除以上模拟所选用的各参数标准值外，每个参数还选取了其他两个取值，并在 6 个参数的不同参数组合下进行模拟，共包含了 729 组参数组合。

表 7.4　政策反馈模块关键参数取值表

关键参数	参数名称	标准值	其他取值
ε_{A}	灌溉敏感度	0.5	0.4, 0.6
ε_{F}	渔业敏感度	0.5	0.4, 0.6
P_{c}	中国政治权重	2	1.5, 2.5
P_{l}	老挝政治权重	1	0.8, 1.2
s	合作强度转化速率	0.5	0.4, 0.6
μ	合作形状参数	1.5	1, 2

对 729 种参数组合下的模拟结果进行分析。对于给定的一个关键参数，分别计算其 3 种取值情况下的合作需求模拟值的平均值及一个标准差的范围，如图 7.14 所示。在灌溉敏感度和渔业敏感度不同取值的情况下，下游合作需求模拟值的平均值存在一定差异，但时间变化趋势及峰值出现的时间基本相同。在中国政治权重、老挝政治权重、合作强度转化速率和合作形状参数的不同取值情况下，下游合作需求模拟值的平均值基本相同。因此，在以上 6 个关键参数的不同组合情景下进行模拟，合作需求的变化规律基本相符，由于参数取值造成的模拟结果误差能够控制在一定范围内，模拟结果可信度相对较高。

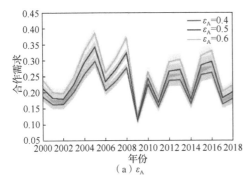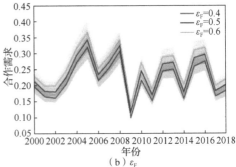

图 7.14　合作需求模拟值不确定性分析图

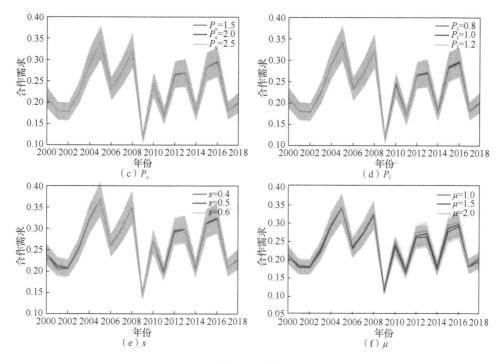

图 7.14（续）

7.4　未来情景分析

跨境河流的合作演化受到自然条件变化、人类经济活动和技术进步、流域国家外交关系等多种因素的共同影响（Di Baldassarre et al.，2019）。基于跨境河流合作社会水文模型，在未来较长时间尺度上，模拟不同的气候变化和人类活动情景下的合作演化，有助于进一步理解跨境河流合作演化的影响因素及驱动过程，也能够为跨境河流管理提供有效的政策建议，以促进合作、避免冲突。

7.4.1　未来基础情景模拟

本研究对未来的情景设置主要包括气候变化情景、下游灌溉面积变化情景、上游水库变化情景、上游政治外交权重变化情景 4 个部分，其中气候变化情景用以驱动水文模拟模块获取未来径流变化，下游灌溉面积变化情景驱动灌溉用水及灌溉效益的变化，上游水库变化情景驱动水库调度及发电效益的变化，上游政治外交权重变化情景驱动政策反馈模块中上游合作强度的变化。在未来情景下，除上述设置外，其他公式和参数与 7.2 节保持一致。

　　未来气候变化对澜沧江-湄公河流域的降水、气温、潜在蒸散发量等气象要素产生影响，流域的径流也发生相应变化。本研究选取未来气候模式中的气象数据驱动水文模型，模拟未来气候变化情景下流域的自然径流。跨部门影响模型比较项目（inter-sectoral impact model intercomparison project，ISIMIP2b）为研究气候变化影响提供了统一框架，全球水文模型研究者基于此框架研究气候变化对农业、渔业、生态等不同行业的影响（Frieler et al.，2017）。本研究选取了 ISIMIP2b 框架提供的 4 种未来情景模式数据，即 GFDL-ESM2M、HadGEM2-ES、IPSL-CM5A-LR 和 MIROC5 等 4 种全球气候模式的输出数据，这些数据都经过了基于观测数据的 EWEMBI 数据集的偏差校正。全球气候模式提供了 RCP2.6、RCP6.0 和 RCP8.5 等 3 种碳排放情景下的降水数据和气温数据，覆盖时间为 2005～2100 年，空间尺度为 0.5°×0.5°，时间尺度为日。

　　本研究选取 4 种全球气候模式在 RCP2.6、RCP6.0 和 RCP8.5 等 3 种碳排放情景下 2005～2060 年的降水数据和气温数据，计算 3 种碳排放情景和 4 种全球气候模式下 2005～2060 年的自然径流量。计算中国至老挝、老挝至泰国、泰国至柬埔寨、柬埔寨至越南的自然径流量，3 种碳排放情景下 2021～2060 年的多年平均月径流量和 2000～2018 年的历史多年平均月径流量如图 7.15 所示。与 2000～2018 年历史情景多年平均月径流量相比，未来情景下中国至老挝月径流量在 1～5 月和 11～12 月的枯水期径流量有所下降，在 6～10 月的洪水期有所上升。老挝至泰国的月径流量在 1～2 月略有下降，3～5 月变化较小，3 种碳排放情景年均月径流量差别较小。洪水期月径流量明显增加，其中 RCP6.0 和 RCP8.5 情景比 RCP2.6 情景洪水期月径流量的增加更加显著，这一结果与已有研究结果相符（Wang et al.，2017）。由于春季是灌溉期，月径流量的降低将加大下游农业灌溉的供水压力。基于 3 种碳排放情景下的未来径流数据，本研究将设置气候变化下 7 种未来径流变化情景，如表 7.5 所示。

表 7.5　气候变化下径流变化情景设置表

项目	径流变化
情景一	RCP6.0 碳排放情景下的径流
情景二	RCP2.6 碳排放情景下的径流
情景三	RCP8.5 碳排放情景下的径流
情景四	RCP6.0 碳排放情景下的径流的 80%
情景五	RCP6.0 碳排放情景下的径流的 90%
情景六	RCP6.0 碳排放情景下的径流的 1.1 倍
情景七	RCP6.0 碳排放情景下的径流的 1.2 倍

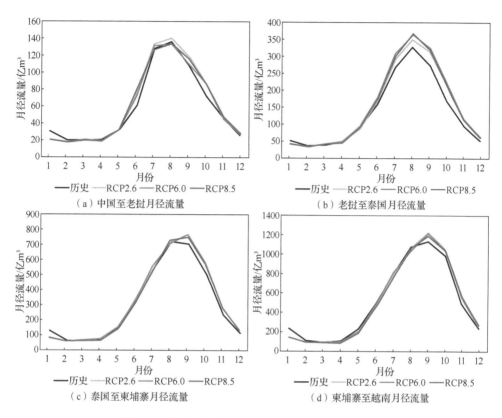

（a）中国至老挝月径流量 （b）老挝至泰国月径流量 （c）泰国至柬埔寨月径流量 （d）柬埔寨至越南月径流量

图 7.15 气候变化情景下多年平均月径流量模拟图

随着湄公河流域人口的不断增加和社会经济的发展，未来泰国、柬埔寨和越南的灌溉面积将发生变化，灌溉需水、灌溉用水和灌溉效益随之发生变化（MRC，2010），从而驱动澜沧江-湄公河流域跨境河流合作的变化。关于未来下游三国灌溉面积变化的情景设置，ISIMIP2b 提供了未来灌溉面积变化的网格数据（Frieler et al.，2017），泰国、柬埔寨、越南的未来灌溉面积变化如图 7.16（a）所示。由图可知，2020～2050 年下游三国的灌溉面积均呈现缓慢增加的趋势，2050 年后灌溉面积略有下降。其中越南灌溉面积最大，泰国其次，柬埔寨最小。此外，湄委会发布的《流域发展情景评估报告》（Assessment of Basin-Wide Development Scenarios）（MRC，2010）也提供了 2020～2060 年的下游国家灌溉面积变化的情景，如图 7.16（c）所示。其中，越南灌溉面积维持在较为稳定的水平，泰国和柬埔寨灌溉面积保持快速增长，泰国灌溉面积在 2030 年后超过了越南。两种灌溉情景相比较，ISIMIP2b 情景的灌溉开发强度相对较低，湄委会评估报告灌溉开发强度相对较高。基于这两种情景，取各国灌溉面积的逐年平均值，设置为中开发强度灌溉的情景，如图 7.16（b）所示。

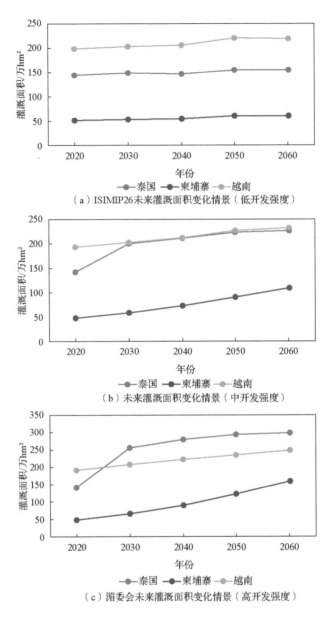

（a）ISIMIP26未来灌溉面积变化情景（低开发强度）

（b）未来灌溉面积变化情景（中开发强度）

（c）湄委会未来灌溉面积变化情景（高开发强度）

图 7.16 湄公河下游未来灌溉面积变化图

老挝水能资源丰富，计划成为"东南亚电池"（Battery of Southeast Asia）（Stone，2016）。根据规划，未来老挝将在湄公河干支流持续进行水电站建设，老挝境内水库库容将不断增加。为研究老挝水库调度对澜沧江-湄公河流域合作的影响，将图 7.3 中的水库简化系统调整为图 7.17 所示系统。其中，中国境内的水库简化为澜沧江干流的中国水库，老挝支流水库库容在未来不断增加，另外增加老挝干流水库，其库容也随着老挝境内干流水电站的不断建成而增加，水文简化系统保持不变。

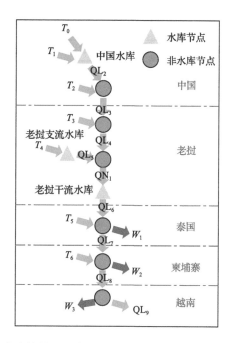

图 7.17　未来情景下澜沧江-湄公河水文及水库系统简化示意图

　　国际农业研究磋商组织（CGIAR）提供了老挝水库的建设规划，湄委会《流域发展情景评估报告》也提供了老挝干支流水库建设规划及库容信息（MRC，2010）。对以上信息进行整理可知，完全按照老挝干支流水库规划建设，未来干流水库和支流水库有效库容变化如图 7.18 所示，支流水库和干流水库有效库容在2030 年分别达到 370 亿 m³和 31.56 亿 m³，之后支流水库有效库容继续增加，于2060 年达到 468 亿 m³。将完全按照老挝水库规划进行建设的老挝水库情景设置为情景一，支流按老挝水库规划建设、干流水库不增加的情景设置为情景二，支流和干流水库都不增加的情景设置为情景三。此外，为了研究上游已建成水库对流域未来合作及经济效益的影响，设置上游中国和老挝完全没有水库的自然情景为情景四，模拟在完全没有水库情景下，下游的合作需求及效益变化。具体地，情景设置和库容变化如表 7.6 和图 7.18 所示。

表 7.6　水库情景设置信息表

项目	老挝支流水库变化	老挝干流水库变化
情景一	完全按照老挝水库规划建设	完全按照老挝水库规划建设
情景二	完全按照老挝水库规划建设	水库不增加
情景三	水库不增加	水库不增加
情景四	上游完全没有水库的自然情景	

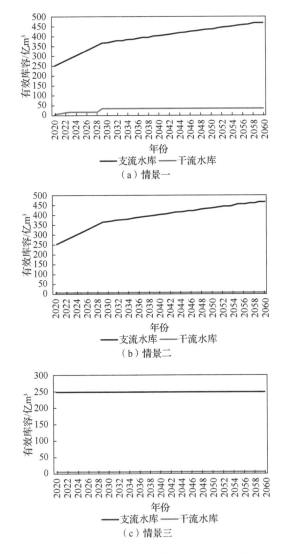

图 7.18　未来情景下老挝水库库容变化图

除考虑发电效益、灌溉效益、渔业效益等直接的经济效益外，本模型还考虑了间接的政治外交效益。如式（7.18）所示，在本研究中，政治外交效益与下游合作需求有关，同时与上游国家的政治权重有关。政治权重表征了上游国家对与下游国家政治外交关系的重视程度。在 7.3 节中，研究将中国政治权重和老挝政治权重分别设置为 2 和 1，这种政治权重情景组合设置为情景一。此外，对中国和老挝的政治权重进行调整和组合，设置情景二到情景七的未来政治权重变化情景，如表 7.7 所示。在 7 种政治权重情景下，分别驱动模型的政策反馈模块，研究政治权重变化对跨境河流合作的影响。

表 7.7　未来上游国家政治权重情景设置表

项目	中国政治权重	老挝政治权重
情景一	2	1
情景二	5	5
情景三	5	1
情景四	2	5
情景五	2	0.5
情景六	1	1
情景七	1	0.5

设置基础情景，对未来跨境河流合作变化进行模拟分析。其中，未来径流选取 RCP6.0 情景；下游灌溉面积变化选取湄委会报告规划的灌溉面积变化情景，即高开发强度情景；上游老挝水库变化情景选取完全按照老挝水库规划建设支流和干流水库的情景，即水库情景一；上游国家政策权重情景设置中国和老挝的政治权重分别为 2 和 1，即政治权重情景一。

如图 7.19 所示，在未来基础情景下，2021~2060 年，中国发电效益平均值为 12.12 亿美元，与 2018 年中国发电效益的统计值 20 亿美元相比明显下降，下降幅度约为 39%，这是由于中国对未来的合作强度设置较 2018 年大，中国在水库调度中更多地考虑了下游效益。老挝发电效益平均值为 21.49 亿美元，超过 2018 年老挝发电效益 10.76 亿美元和未来中国发电效益平均值，较 2018 年老挝发电效益增长近 1 倍，这是由于老挝未来会在湄公河干支流持续进行水库建设。下游三国灌溉效益总和为 46.47 亿美元，在本研究包含的经济效益中所占比例最大，与 2018 年下游灌溉效益统计值 46.33 亿美元相比有所增加。下游三国渔业效益总和为 14.15 亿美元，与 2018 年渔业效益统计值 15.03 亿美元相比略有下降，下降幅度约 6%，下游总效益较 2018 年增加约 20%。

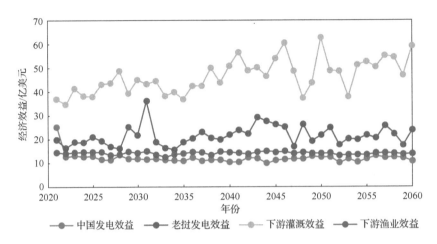

图 7.19　未来基础情景下效益变化图

在未来基础情景下,中国和老挝合作强度和下游合作需求变化如图 7.20 所示。中国和老挝合作强度先增加后波动,平均合作强度分别为 0.44 和 0.36,中国合作强度高于老挝合作强度,这一模拟结果与中国政治权重设置高于老挝有关。下游合作需求呈现波动状态,平均值为 0.22,与 2000~2018 年下游合作需求模拟值的平均值 0.24 相比有所下降,这与上游合作强度的提升有关。

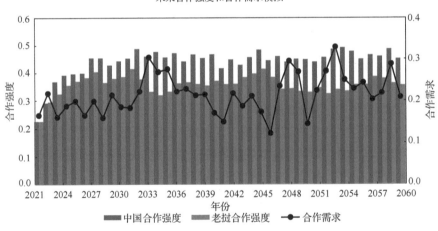

图 7.20　未来基础情景下合作强度和合作需求模拟图

7.4.2　气候和社会经济变化单因素影响分析

在不同径流变化情景（表 7.5）下,对考察指标在 2031~2060 年的统计值进行统计,统计结果如图 7.21 所示。在 3 种碳排放情景下,下游合作需求总体上差

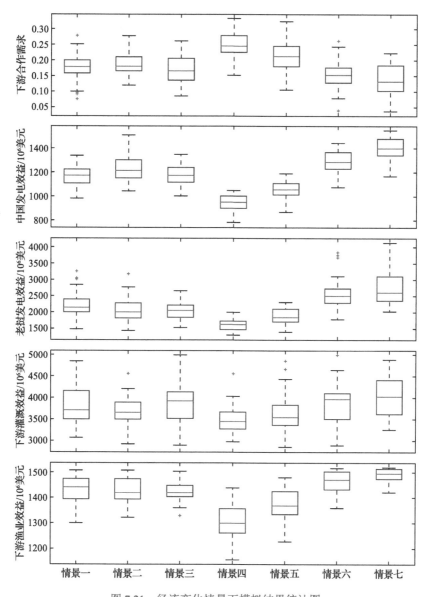

图 7.21　径流变化情景下模拟结果统计图

别较小,其中 RCP2.6 碳排放情景下下游合作需求略高,RCP8.5 碳排放情景下下游合作需求略低。这是由于本模型未考虑防洪效益,RCP8.5 情景下灌溉效益略高于其他两种排放情景,分别是 RCP2.6 和 RCP6.0 情景下灌溉效益的 1.05 倍和 1.04倍。在情景四—情景七中,径流量较大的情景七的下游合作需求最小,中国和老挝发电效益及下游灌溉和渔业效益均较大。因此,在不考虑防洪效益的情况下,径流量增大将明显提高流域发电、灌溉、渔业等效益,显著降低下游国家合作需求。与 RCP6.0 的情景一相比，情景七径流增加 20%，2031～2060 年中国发电效益平均值增加 20.6%，老挝发电效益增加 22.9%，下游灌溉效益增加 5.3%，下游渔业效益增加 4.1%。

如图 7.22 所示，在灌溉面积快速增加的高开发强度情景下，下游合作需求比中低开发强度情景更高。在这种情景下，老挝的发电效益略低，约占低开发强度情景老挝发电效益的 97%；下游灌溉效益明显增加，较低开发强度情景增加 27%；渔业效益有所降低，比低开发强度情景下降 2%。这是由于下游灌溉面积的快速增加大幅增加了枯水期下游的灌溉需水量，下游合作需求随之增加。在下游合作需求增加的驱动下，中国和老挝在调度过程中更多考虑了下游合作需求，因此发电效益出现小幅下降。

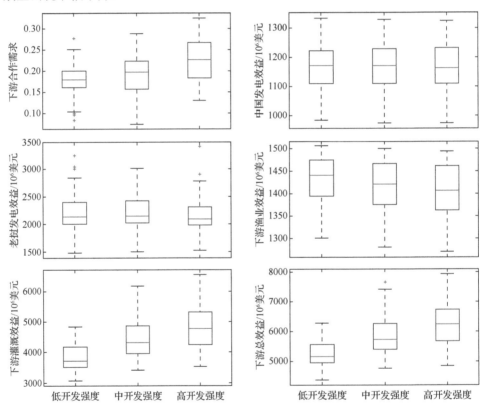

图 7.22　下游灌溉面积变化情景下模拟结果统计图

灌溉面积的增加提升了下游的灌溉效益，同时，下游各国灌溉水量明显增加。在低开发强度情景下，下游国家 2031～2060 年平均年灌溉量为 403m³；在中开发强度情景下，下游三国 2031～2060 年平均年灌溉量为 468 亿 m³；在高开发强度情景下，下游三国 2031～2060 年平均年灌溉量增加到 521 亿 m³。灌溉水量的增加降低了下游枯水期的径流量，下游渔业效益也随之受到负面影响。但总体上看，在高开发强度情景下灌溉效益增加幅度较大，下游总效益最大。

不同水库情景（表 7.6）模拟结果如图 7.23 所示，与未来老挝水库不再增加的情景三相比，在未来老挝支流水库按规划建设、干流水库不增加的情景二下，下游总效益明显升高，增加约 11%，下游合作需求明显降低，老挝的这种建设情景有利于保持流域上下游关系的稳定。在完全按照老挝水库规划建设干流和支流水库的情景一下，下游效益比情景二低约 10%，下游合作需求比情景二高，即未来老挝干流水库的增加不利于上下游关系的稳定。老挝未来水库的建设对中国发电效益影响不大，但能够显著提升老挝的发电效益，在完全按照老挝水库规划建设干流和支流水库的情景一下，2031～2060 年老挝年均发电效益超过 20 亿美元，比情景二和情景三分别高 25% 和 57%。

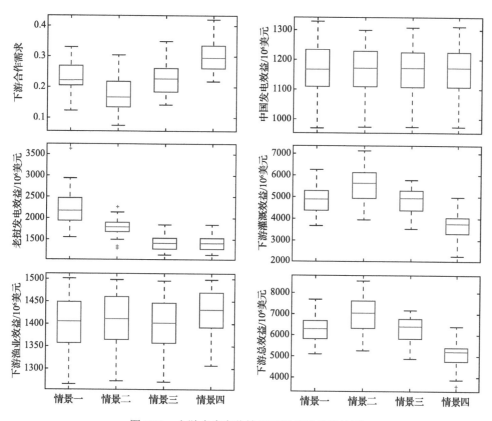

图 7.23　上游水库变化情景下模拟结果统计图

在上游中国和老挝完全无水库的自然情景（情景四）下，下游渔业效益相对较高，但下游灌溉效益和总效益均明显减少，下游合作需求最高。与上游完全无水库的自然情景相比，上游已建设水库的合理调度能够在一定程度上增加下游灌溉效益和总效益,从而满足和降低合作需求,对保持流域上下游关系稳定具有一定积极作用。

在不同的未来政治外交权重情景(表 7.7)下,流域下游合作需求及上下游效益的变化如图 7.24 所示。在情景二和情景四下,老挝政治外交权重由 1 提升到 5,下游合作需求显著降低,而在中国和老挝政治外交权重同时降低的情景七下,下游合作需求最高。因此,老挝如在未来更加重视与下游国家的政治外交关系,提

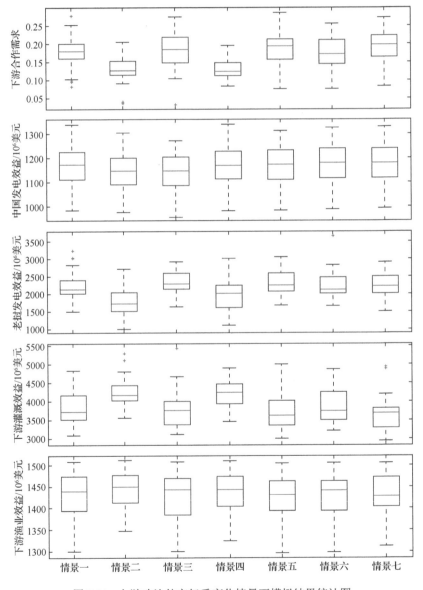

图 7.24　上游政治外交权重变化情景下模拟结果统计图

升对政治外交效益的重视程度,能够显著降低下游合作需求和流域冲突的风险。在中国政治外交权重提升的情景二和情景三下,中国发电效益略有降低;而在老挝政治外交权重提升的情景二和情景四下,老挝发电效益下降明显,相较于情景一分别下降 28%和 23%。对于下游的灌溉效益和渔业效益,老挝政治外交权重的提升能够增加下游效益,情景四的下游灌溉效益和渔业效益比情景一分别增加 20%和 1%。在中国和老挝未来政治外交权重下降的情景五—情景七,下游效益相对较低。

7.4.3　上游水库和政治权重变化对澜沧江–湄公河社会水文系统演化的影响

未来气候变化下的径流减少将增加下游合作需求,同时降低上游发电效益和下游灌溉、渔业效益,使流域面临更大的冲突风险。未来下游灌溉面积的快速增加也会提升下游合作需求,使流域上下游国家在水资源利用上的矛盾加剧。另外,上游国家的水库建设情景和政治权重变化情景也会对流域的合作和上下游效益产生影响。未来老挝水库变化情景中,干流水库不增加、支流水库增加的情景下的下游合作需求较低,干流和支流水库不再增加的情景下下游合作需求相对较高,即未来老挝支流水库建设及合理调度能够降低流域冲突风险。中国和老挝未来政治权重的提升也能够降低下游合作需求,降低流域冲突的风险。

在未来径流减少和下游灌溉增加的情景下,上游国家的水库建设和政治权重变化能够在一定程度上降低下游的合作需求。为了研究上游国家的行为对流域合作的影响,分别设置 4 种上游国家行为的组合,如表 7.8 所示。在 4 种组合情景下,分别模拟径流减少情景、下游灌溉增加情景、径流减少同时下游灌溉增加情景的合作演化情况。

表 7.8　上游国家水库建设和政治权重变化行为组合表

项目	老挝干流水库	老挝支流水库	中国政治权重	老挝政治权重
组合一	不增加	增加	5	5
组合二	不增加	增加	2	1
组合三	不增加	不增加	5	5
组合四	不增加	不增加	2	1

图 7.25 显示了在径流减少、灌溉增加单独出现和同时出现情景下 2031~2060年下游合作需求模拟值的平均值。在 3 种情况下,老挝支流水库增加、上游政治权重增加的组合一情景的下游合作需求都最低,老挝支流水库不变、上游政治权重不变的组合四情景的下游合作需求都最高,这说明在未来面临径流减少、灌溉增加导致的水资源关系紧张情景下,增加老挝支流水库,同时提升上游国家政治权重是降低下游合作需求、降低流域跨境河流冲突风险的重要手段。

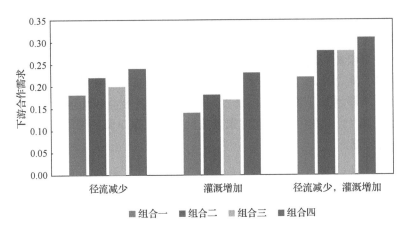

图 7.25　上游行为对下游合作需求影响对比图

　　相较于径流减少和灌溉增加单独出现的两种情景，两者同时出现的情景下，上下游水资源关系更加紧张，下游合作需求平均值相对较高，流域管理面临更大挑战。两者单独出现的情景下，组合二的下游合作需求高于组合三的合作需求，提升上游政治权重较增加支流水库更加重要。然而，在两者同时出现的情景下，组合二的下游合作需求与组合三基本相同。在更加紧张的上下游水资源关系情景下，老挝的水库建设使上游具有更大的调蓄能力，相较于水资源关系不紧张的情景能够发挥更加显著的作用。

　　因此，为维持流域上下游关系稳定，防止未来冲突风险上升，可通过老挝在支流建设水库和上游国家提升政治权重两种行为降低下游需求，具体方案与上下游水资源紧张程度相关。在径流减少明显、下游灌溉需求增加明显的水资源关系紧张的情况下，应当优先考虑老挝在支流建设更多水库并进行合理调度，满足下游国家在旱季的灌溉需求。

7.4.4　下游补偿机制对澜沧江-湄公河社会水文系统演化的影响

　　跨境河流合作除产生因跨境河流合作而减少政治外交成本的效益，还能带来包含各国经济一体化的超越跨境河流的效益（Sadoff et al.，2002）。对于上游国家，合作行为可能会造成其自身直接的经济效益下降，但能够因合作而获得间接的政治外交效益。前文基于下游合作需求模拟分析了上游国家因跨境河流合作而减少政治外交成本的效益。除此以外，下游国家可选择向上游国家提供一定补偿，促使上游国家选择合作行为，上游国家利他情景下效益的提升可以增加上游国家合作强度。这种补偿可能是直接的经济补偿，但更多是由于经济一体化为上游国家带来的超越跨境河流的效益（Yu et al.，2019b）。本节将设置下游国家对上游国家的补偿情景,模拟并分析下游国家补偿机制对澜沧江-湄公河社会水文系统演化的影响。

　　下游国家的补偿能够增加上游国家利他情景下的效益,提升上游国家合作强度。上游国家合作强度的增加则能够增加下游国家的总效益。因此,本研究中的下游国家补偿机制设置为,下游国家总效益由于上游国家合作而增加,将其以一定比例补偿给上游国家。记下游国家因上游国家合作而增加的效益为 ΔE_{down},补偿给上游国家的比例为 cr,则下游国家的实际效益如式(7.21)所示。

$$E'_{\text{down}} = E_{\text{down}} - \Delta E_{\text{down}} \times \text{cr} \qquad (7.21)$$

式中:E_{down} 为补偿前下游国家的总效益;E'_{down} 为补偿后下游国家的总效益。

　　对于上游国家,在利他情景下的效益 E_{C} 包括较小的发电效益 $E_{\text{H,C}}$、因减少冲突而产生的效益 $E_{\text{P,C}}$,以及一定的补偿效益 $E_{\text{B,C}}$,如式(7.22)所示。其中,因减少冲突而产生的效益 $E_{\text{P,C}}$ 计算如式(7.18)所示,在利他情景下其值较大;补偿效益 $E_{\text{B,C}}$ 如式(7.23)所示。由于经济一体化等可以为上游国家带来超越跨境河流的效益,上游国家获得的补偿效益实际上大于或等于下游国家补偿,设置补偿效益放大系数 rr,表示上游国家获得的补偿效益与下游国家补偿的比值。上游国家利己情景下的效益 E_{U} 包括较大的发电效益 $E_{\text{H,U}}$ 和因减少冲突而产生的效益 $E_{\text{P,U}}$,即式(7.24)。

$$E_{\text{C}} = E_{\text{H,C}} + E_{\text{P,C}} + E_{\text{B,C}} \qquad (7.22)$$

$$E_{\text{B,C}} = \text{rr} \times \Delta E_{\text{down}} \times \text{cr} \qquad (7.23)$$

$$E_{\text{U}} = E_{\text{H,U}} + E_{\text{P,U}} \qquad (7.24)$$

　　未来径流情景设置为 RCP6.0 碳排放情景下的径流,灌溉情景设置为高开发强度,水库情景为老挝干支流水库按照其本国水库规划进行建设,政治权重情景设置为中国老挝政治权重不变,在以上基础情景下设置不同的补偿比例情景,如表 7.9 所示。补偿上游国家比例 cr 是指下游国家从因上游国家合作而增加的效益 ΔE_{down} 中补偿给上游国家的比例,其中一部分补偿给中国,另一部分补偿给老挝。

表 7.9　补偿比例设置表

项目	补偿上游国家比例/%	补偿中国比例/%	补偿老挝比例/%
情景一	0	0	0
情景二	10	5	5
情景三	10	10	0
情景四	10	0	10

项目	补偿上游国家比例/%	补偿中国比例/%	补偿老挝比例/%
情景五	20	10	10
情景六	50	25	25
情景七	50	40	10
情景八	50	10	40
情景九	80	40	40

在不同补偿比例的补偿情景下，模拟未来下游国家在补偿后的总效益 E'_{down}。其中，表 7.9 中的情景一的补偿比例为 0，即没有补偿机制的情景。对比情景二——情景九与情景一的模拟结果，能够反映下游国家的补偿机制为上下游国家带来的效益变化。设置补偿效益放大系数 rr 为 30，模拟 2031～2060 年上下游国家补偿后的总效益如图 7.26 所示。

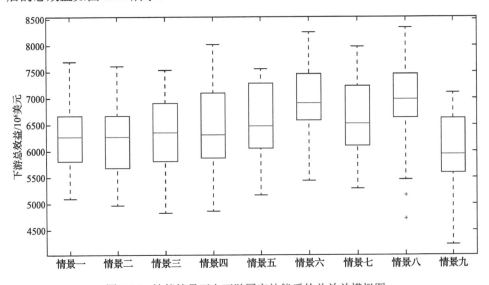

图 7.26　补偿情景下上下游国家补偿后的总效益模拟图

由图 7.26 可知，与没有补偿机制的情景一相比，有一定补偿比例的情景六、情景八下模拟的 2031～2060 年下游国家总效益更高，这是由于在补偿情景下，上游国家的合作强度得到显著提升。情景二——情景五的补偿比例相对较低，与情景一相比下游国家总效益的增加不明显。情景六——情景八的总补偿比例相同，均为 50%，但在中国和老挝间的分配比例不同。老挝补偿比例为 40% 的情景八下游总效益最高，其次为老挝补偿比例为 25% 的情景六，而老挝补偿比例为 10% 的情景七的下游国家总效益最低。因此，下游国家对老挝进行较高比例的补偿，能够更加显著地提升下游国家总效益，其中情景六和情景八比情景一的下游国家总效益增加 12%和 11%。与中国补偿比例为 10%、老挝补偿比例为 40%的情景八相比，情景九进一步提升了对中国的补偿比例，但下游国家总效益明显较低，约占情景八的 85%。

对于下游国家，选择对中国和老挝进行一定比例的补偿，能够提升上游国家的合作强度，扣减补偿效益后下游国家总效益仍然增加。最优补偿比例的选择与多种因素有关，其中补偿效益放大系数 rr 对最优补偿比例的选择有重要影响。依次设置补偿效益放大系数 rr 的值为 1、2、5、10、20 和 30，模拟不同补偿效益放大系数情景下 2031~2060 年下游总效益的平均值，模拟结果如图 7.27 所示。在补偿效益放大系数较小的情景下，补偿比例较大的情景六—情景八的下游国家总效益相对较低，不补偿或补偿比例较低的情景的下游国家总效益较高。补偿效益放大系数较大时，高补偿比国家情景的下游总效益显著高于低补偿比例情景。因此，下游国家是否选择补偿，依赖于补偿效益放大系数，即上游国家获得的补偿效益与下游国家补偿的比值。该比值较大时，下游高补偿比例情景下的效益显著增加。

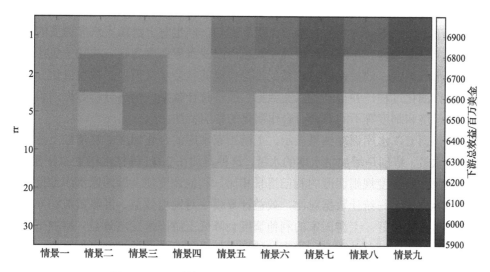

图 7.27　不同补偿效益放大系数的下游总效益模拟图

因此，当下游国家对上游国家的补偿无法产生更多超越河流本身的效益时，下游国家的补偿机制对上游国家合作强度的提升作用不明显，下游国家自身效益无法因此得到提高，补偿机制难以持续。当下游国家的补偿能够在上游国家产生较大的效益时，适当比例的补偿对上游国家是重要激励，能够显著提升上游国家合作强度和全流域的合作水平，并增加下游国家总效益，补偿机制可持续。因此，下游国家补偿机制可能促成跨境河流合作和提升合作水平。机制能否形成、是否可持续，主要取决于上游国家能否获得更多超越跨境河流的效益。这种超越跨境河流的效益包括流域各国之间基础设施增加、贸易和投资增加、经济一体化等带来的效益（Sadoff et al.，2002）。

7.5 小　　结

本章构建了跨境河流水库调度合作的社会水文模型，基于水文实测数据和经济效益统计数据对水文模拟结果和效益计算结果进行验证，基于下游国家新闻媒体数据的情感分析结果对下游国家合作需求模拟进行对比验证。在未来不同的径流变化、下游灌溉变化、上游水库建设和政治权重变化情景下，模拟了未来下游国家合作需求和下游国家效益。模拟和分析在径流减少和灌溉增加的情景下，上游国家的水库建设和政治权重变化行为对合作演化的影响，模拟和分析了下游国家补偿机制对合作演化的影响。具体结论如下。

以澜沧江-湄公河流域为例，揭示了在上游国家水库建设的条件下，上下游国家冲突与合作动态演化规律为：上游国家水库建设导致下游国家径流发生季节性变化，下游国家不同行业的直接效益受到影响，产生对上游国家水库调度的合作需求，上游国家为获得间接政治外交效益而改变水库调度规则。构建了包括水文模拟、水库调度、效益计算和政策反馈等模块的社会水文模型。模型量化分析了上述合作演化过程，并得到了水文数据、经济统计数据、情感分析数据的验证，揭示了经济和制度等不同要素对合作演化的影响特性。

具体而言，水库调度结果显示，上游国家水库的合作调度能够增加上游向下游的输水量，特别是增加枯水期的水量，这种增加在 2015 等枯水年更加显著。与完全按照本国调度规则调度的利己情景相比，利他调度使上游国家水库维持在更低的库容水平。与统计数据对比，效益计算模块对发电效益、灌溉效益和渔业效益的模拟效果良好。上游国家的利他调度会降低上游国家发电效益，增加下游国家总效益，全流域总效益有所提高，特别在枯水年总效益的提升更加显著，反映了上游国家合作的重要意义。模拟结果显示，中国近年来合作水平不断提高并超过老挝，下游国家合作需求在自然径流较少的年份和上游水库蓄水的年份达到相对峰值，与下游国家英文新闻媒体数据情感分析结果基本相符，证明了模型对下游国家合作需求模拟的有效性。

在未来径流、灌溉面积、水库、政治外交权重等变化情景下对澜沧江-湄公河的合作演化开展模拟，结果显示基础情景下未来流域冲突风险显著升高的可能性较小。未来径流增加将提升上游国家发电效益和下游国家灌溉、渔业效益，降低下游国家合作需求，反之，径流减少将增加下游国家合作需求。下游国家灌溉高强度开发情景将提升下游国家合作需求和下游国家总效益。中国和老挝现有的水库能够提升下游国家灌溉效益，未来老挝支流建设水库而干流不再建设水库能够降低下游国家合作需求。上游国家特别是老挝的政治权重的提升能够显著降低下游国家合作需求。

　　模型模拟显示，在径流减少或下游国家灌溉增加单独出现的情景下，提升政治权重比增加老挝的支流水库更能降低下游国家合作需求。径流减少和下游国家灌溉增加同时出现时，上下游水资源关系紧张，增加老挝的支流水库在降低下游国家合作需求上能够发挥更加显著的作用。在补偿情景下，当补偿效益放大系数较大时，对上游国家特别是老挝进行一定程度的补偿，能够提升上游国家合作水平，下游国家扣除补偿效益后的效益能够得到提升。下游补偿机制能够达成并持续，依赖于下游国家补偿可以给上游国家带来更多超越跨境河流本身的效益，如贸易和投资增加、经济一体化等带来的效益。以上结果为中长期跨境河流管理提供了重要的理论依据和政策建议。

第8章 澜沧江–湄公河水合作博弈模型研究

8.1 导　言

跨境河流合作涉及国与国之间多种利益的博弈，没有固定的模式和方法，只有实现有关利益相关方"公平合理的效益分配"，才能实现相对稳定的合作。以博弈论为工具，分析利益相关方的合作形势，是目前研究跨境河流合作较为普遍和科学的方法。

博弈论最初源自棋牌、赌博、战争中的胜负问题。中国古代著名军事著作《孙子兵法》中就蕴含了深刻的博弈论原理。冯·诺依曼在1928年关于非合作二人零和博弈的"最小最大定理"、冯·诺依曼和摩根斯坦于1944年共著的划时代巨著《博弈论与经济行为》，共同奠定了博弈论基础理论体系。20世纪50年代，纳什（Nash）、夏普利（Shapley）、吉尔斯（Gillies）等著名学者相继提出了讨价还价模型、囚徒困境、重复博弈等概念，极大丰富了博弈论理论。1972年，专业期刊 *International Journal of Game Theory* 创刊，随后产生了拍卖理论、激励理论等博弈理论。博弈论逐渐成为经济学的基本数学理论，并迅速应用于其他自然与社会领域，成为目前各学科普遍应用的科学研究方法之一。

博弈论研究非合作博弈和合作博弈两大类典型问题。非合作博弈研究侧重的是参与者的策略，即如何使自己在博弈中胜出以及总体的博弈形势分析；而合作博弈研究则更关心合作前提下的博弈结果，探讨联盟的利益分配，根据利益分配结果探讨联盟的动态演化趋势等问题。诺贝尔经济学奖获得者罗伯特·奥曼（Robert J.Aumann）认为，合作博弈和非合作博弈并非截然不同，可以看作研究同一问题的不同视角，非合作博弈是一种微观理论，而合作博弈则偏重宏观，重点解决在协议条件下的可行解问题（Hart et al.，2001）。在跨境河流问题上，一个普遍的共识是，如果公共资源不加限制地被自由使用，那么公共资源将被消耗，即著名的"公地悲剧"，因此必须加强国家间的相互合作，并开展合作博弈的相关研究。

合作博弈主要研究"公平"的利益分配或"公平"的成本分摊问题。参与者不仅要考虑自身绝对利益，还要考虑相对利益的"公平"性，这一观点后来被学者通过"最后通牒博弈实验"进行了严格的论证（Güth et al.，1982）。但公平不等同于平均，古希腊哲学家亚里士多德就提出，相同贡献应该得到相同回报，不同贡献应得到不同的回报（equal treatment of equals, unequal treatment to unequals），
但当时还难以具体指明应该如何不同。1881 年，埃奇沃思在《数学心理学》一书
中建立了一个参与人数目有限的联盟博弈的交换经济模型，提出用契约曲线来描
述存在重定契约的结果，被认作是现代合作博弈的起源。

　　1953 年，著名数学家、经济学家、诺贝尔经济学奖获得者夏普利（Shapley）
提出夏普利值法，从公理化的角度对主观的"公平"和"合理"两个性质进行了
描述，并进一步证明了夏普利值是满足匿名的、有效的、可加的和虚拟的 4 个性
质的唯一解（董保民 等，2008）。这是学者首次利用数学公理化的思想对"公平"
问题进行了系统阐述。公理化体系的建立，标志着合作博弈理论逐渐成熟。由于
夏普利值具备公理化的含义，同时数学处理较为简单，因而在很多实际领域得到
了广泛的应用。

　　也有学者从其他角度提出新的刻画"公平"性的公理，并提出了以"核仁"
法为代表的其他利益分配方案。从福利经济学的角度来看，夏普利值代表了功利
主义的观点，认为可以在一定程度上牺牲某些参与者个体的效益，从而提高社会
整体的福利；而核仁法则符合平均主义的思想，认为社会福利应该侧重关心个体
的效益水平，承认帕累托最优原则（即不使其他人福利变差的情况下，无法使某
个人的福利变好）。二者的共存对应于"公平-效率"之争，均具有社会学意义。

　　本章将在澜沧江-湄公河流域构建水合作博弈模型，考虑流域各国的发电效
益和灌溉效益，并在典型干旱年进行合作博弈的实例分析，分析流域合作联盟
类型及其效益，讨论不同合作情景下的效益分配方式。在此基础上，通过仿真
模拟进一步讨论联盟维系与解体的动态演化形势。为避免极端天气对联盟稳定
性的破坏，提出一种类似金融期权的弹性合约机制，以保障跨境河流合作的长期
稳定。

8.2　跨境河流的合作博弈模型

　　为深入分析澜沧江-湄公河流域合作博弈的利益分配问题，建立公平、合理的
分配机制，本节依据博弈论中经典的夏普利值分配法和核仁法，结合跨境河流问
题特征，建立跨境河流合作开发利益分配的合作博弈模型。

8.2.1　一般流域的概化模型

　　假定跨境河流间只有简单的上下游关系，自上游起依次标注为国家 $1,2,\cdots,n$。
考虑发电、农业灌溉、渔业 3 种典型的用水效益。以一个水文年为考察周期，根
据研究的精度可将该周期划分为 m 个阶段，例如 $m=2$ 对应丰水期和枯水期，$m=12$
对应不同月份等。

记国家 k 在第 t 个时间段内的发电效益为函数 $U_{1k}(s_{kt}, d_{kt})$，其中 s_{kt} 为该时间段内水库平均蓄水量，也对应了这段时间的水头差，d_{kt} 为这段时间该国家的下泄流量。该函数可以通过水库设计数据拟合得到。

记国家 k 在第 t 个时间段内的农业用水的效益函数为 $U_{2k}(w_{kt})$，其中 w_{kt} 为其灌溉取水量。该效益函数通常可由该国家的灌溉面积、主要作物类型、作物水分生产函数及农作物市场价格综合估算而得。在只考虑枯水年的前提下，认为该效益函数是单增有上界的上凸函数。

记国家 k 在第 t 个时间段内的渔业效益函数为 $U_{3k}(d_{kt})$，其中 d_{kt} 为这段时间该国家的下泄流量，对应于国家 k 内部的河道流量。该效益函数可以表示为渔业产出与投入的差，其中产出与流量正相关。

假定任何国家的用水方式均不改变流域各处的产汇流规律，且有义务在任何条件下在河道中维持必要的生态用水。各国将根据自身所处联盟情况，自上游至下游依次决定自身的水库蓄水、灌溉取水和下泄流量，以使自身所处联盟效益最大化。例如，在互不合作的前提下，从国家 1 开始依次优化效益 [$U_{11}(t)$ 为国家 1 在第 t 个时间段内的发电效益、$U_{21}(t)$ 为国家 1 在第 t 个时间段内的农业用水效益、$U_{31}(t)$ 为国家 1 在第 t 个时间段内的渔业收益] 为

$$\max \sum_{t=1}^{m} [U_{11}(t) + U_{21}(t) + U_{31}(t)] \tag{8.1}$$

而在全流域合作的前提下，则优化目标为

$$\max \sum_{k=1}^{n} \left(\sum_{t=1}^{m} [U_{1k}(t) + U_{2k}(t) + U_{3k}(t)] \right) \tag{8.2}$$

全流域合作优化问题对应的约束条件为：s_{kt} 的下界默认为水库的死库容，上界为满蓄库容；w_{kt} 的下界可以视为 0 或者其他意义下的最低灌溉用水，上界为充分灌溉对应的灌溉用水；d_{kt} 的下界为满足生态流量要求的最低下泄流量。最低下泄流量的确定非常复杂，为便于后面的计算分析，在枯水年的前提下，我们认为这个流量是各国自身产流的常数倍。

此外，对于每个国家 k，还有水量平衡方程的等式约束

$$s_{k,t-1} + d_{k-1,t} + c_{k,t} = s_{k,t} + w_{k,t} + d_{k,t} \tag{8.3}$$

式中：$c_{k,t}$ 代表国家 k 在第 t 个时间段内的产流，如降雨和支流汇流等。假定系统已经达到稳定状态，即有 $s_{k,0} = s_{k,m}$。

由这些约束条件求解优化问题式（8.2），即可得到各个国家的用水量和效益。

8.2.2　合作博弈的利益分配

接下来考虑不同国家联盟的情况。初步研究假定至多只有一组国家联合，即不考虑类似{1,2,3}和{4,5}同时分别联盟的可能。此时 n 个国家所有可能的子联盟一共有 $2^n - n$ 种。具体包含以下 3 类。

（1）没有任何形式的合作，记作 $S = \varnothing$。

（2）全流域只存在一组连续相邻的国家合作。对于大部分实际流域，这是主要的合作方式。例如，第 3、4、5 个国家合作，记作 $S = \{3,4,5\}$。

（3）全流域存在一组非相邻国家合作。例如，第 1、3、4 三国合作，而 2 不参与合作，记作 $S = \{1,3,4\}$；这种情况较为复杂，需要通过相关国家协商确定，且容易出现搭便车现象，暂不考虑这种情况。

对于每一种合作方式 S，可以从上游开始通过联立求解优化问题，依次得出该合作方式下的水量分配及流域国总效益，记 $v(S)$ 为在联盟 S 中全体参与者相互合作可能得到的总效益。由优化问题的形式对比知，$v(S)$ 满足以下条件（称为超可加性条件）：

若 R，$S \subset N$ 且 $R \cap S = \varnothing$，$v(R \cup S) \geqslant v(R) + v(S)$；且 $v(\varnothing) = \sum v(i)$。

对于满足超可加性条件的合作博弈问题，夏普利给出了一种"合理的"效益分配方案，其思路大致如下。

假设参与人形成联盟时可以按照随机的顺序进行，并且每种顺序发生的概率都相等（即均为 $1/n!$），则此时参与人 i 在集合 S 中的边际贡献应为 $v(S) - v(S \setminus i)$，其中 $v(S\setminus i)$ 代表 S 除去成员 i 后集合的效益。考虑到参与人的排序可能性，参与人 i 在联盟 S 中的边际贡献的期望可以表达为

$$\varphi_i(v) = \sum_s \frac{s!(n-s-1)!}{n!} \left[v(S \cup \{i\}) - v(S) \right] \tag{8.4}$$

式中：s 表示联盟 S 中的参与人个数。此即为夏普利提出的合作博弈收益分配方案。从边际贡献的角度，可以将夏普利值解释为，参与者 i 所应承担的成本或所应获得的收益应等同于该参与者在每一个包含他的联盟的边际贡献的平均值。

另一种常用的效益分配方案为核仁法，其核心思想为，最大化最小满意度（或者等价的最小化最大不满意度），即 $\max_{x \in B} \min_{S \subset N} e(x, S)$，其中 $e(x, S)$ 代表 x 对于集合 S 的满意度，满意度通常可以用子集合的全部成员实际分得收益之和与该子集合的总收益之差来刻画。以 3 个成员为例，若 3 个成员最终获得的收益为 x_1、x_2、x_3，则成员 1、2 相对于子集合 $\{1,2\}$ 的满意度可以表示成 $x_1 + x_2 - v(1,2)$，故核仁法可以写成

$$\max \min \{x_1 - v(1), x_2 - v(2), x_3 - v(3), x_1 + x_2 - v(1,2), x_1 + x_3 - v(1,3), x_2 + x_3 - v(2,3)\}$$

$$(8.5)$$

求解该极小极大问题，即可求得核仁法对应的 3 个成员的应得收益 x_1、x_2、x_3。

8.3　典型干旱条件下澜沧江-湄公河流域的合作博弈模型

8.3.1　基本博弈元素及降雨径流数据

针对澜沧江-湄公河流域的具体水合作条件，可以将以上一般化的模型具体化。根据上下游位置关系，将中国、老挝、泰国、柬埔寨、越南五国依次记为国家 1~5（注：该博弈模型中忽略了占流域面积仅 3.5%的缅甸）。模型建立在典型干旱条件下，中国主要考虑发电效益，老挝主要考虑发电和灌溉效益，泰国、柬埔寨、越南三国主要考虑灌溉和渔业效益。

各国均可以通过调整水量分配来实现自身效益的最大化，即根据所处联盟的需要，自由分配本国的农业用水量和下泄流量，但下游国家不能将本国的可用水转移给上游。同时认为在干旱条件下，每个国家在进行农业灌溉时都有义务保证河道中必要的生态用水。如前所述，不同联盟条件下各国用水量及用水效益需要通过求解优化问题获得。

本研究取 2015 年的模拟径流值为典型枯水年的各国产流数据。我们使用 THREW 模型对澜沧江-湄公河三角洲以上流域开展水文模拟（Tian et al., 2006），获取不受水库调度影响的自然径流量。THREW 模型基于代表性单元流域（representative elementary watershed，REW）的方法对研究流域进行划分，模型基于尺度协调的平衡方程、几何关系和本构关系构建（田富强 等，2008）。THREW 模型在全球不同流域得到了广泛的应用，并取得了良好的模拟效果（Mou et al., 2008; Li et al., 2012），其中径流模拟能够考虑冰川、积雪融化的影响，在高寒山区模拟效果良好（He et al., 2015；徐冉 等，2015）。本研究模拟得到的径流数据在各水文站点的纳什效率系数基本处于 0.8 以上，模拟结果良好可信，详见第 7 章。

湄公河三角洲是东南亚的粮仓（MRC, 2019），越南占有三角洲的大部分面积，其径流值很大程度影响着越南的灌溉效益。三角洲地势平坦，河网纵横交错，其产汇流过程极为复杂，难以通过流域水文模型进行模拟。为简化分析，本研究通过降雨-产流关系对越南的径流值进行补充计算。径流系数是一定汇水面积内总径流量与降水量的比值，用来表征降雨与产流之间的关系，在越南灌溉区取值 0.2533。综上，各国产流量如表 8.1 所示。

表 8.1　澜湄流域典型干旱年各国的逐月和全年产流量（单位：$10^6 m^3$）

月份	中国	老挝	泰国	柬埔寨	越南
1	3052.9	4649.9	12769.4	28176.3	995.1
2	2030.0	2087.5	6214.2	13159.6	339.0
3	4674.7	3396.4	3228.9	5384.4	0.0
4	2343.3	3166.2	2489.5	3910.7	38.2
5	1634.1	1541.7	2035.7	2513.4	207.9
6	1805.2	2788.3	1676.4	1616.0	792.2
7	2283.0	3592.0	2753.5	2823.7	1538.7
8	2635.8	6090.4	4001.7	5118.4	2761.4
9	6535.8	8355.0	12405.7	14390.6	3338.5
10	14250.7	22529.8	32077.2	23022.3	2876.8
11	11997.0	18255.4	34407.7	30715.1	3286.2
12	7741.2	12644.7	33357.9	38005.0	2203.5
全年	60983.9	89097.3	147417.8	168835.5	18377.5

8.3.2　发电效益评估

由于小湾水库和糯扎渡水库的总库容占澜沧江干流已建成水库总库容的 90% 以上（Han et al.，2019），老挝水库占湄公河流域同期水库总有效库容的 70% 以上（MRC，2019），仅考虑中国的小湾水库、糯扎渡水库和老挝的干流水库，如表 8.2 所示，不考虑下游泰国、柬埔寨和越南的水库调度及其发电效益。

表 8.2　中国与老挝水库的库容信息　　　　（单位：$10^6 m^3$）

项目	中国水库	老挝干流水库
总库容	37049	—
防洪库容	32448	—
死库容	16360	782
有效库容	—	3156

根据水库的下泄流量和水头差计算中国发电效益，如式（8.6）所示。

$$E_{H,C} = ph\_C \times 9.81 \times Q \times \Delta h \times \eta \qquad (8.6)$$

式中：$E_{H,C}$ 表示中国的发电效益；ph_C 表示中国的发电单价，按照上网价格计算，为 0.046 美元/（kW·h）；Q 表示水库下泄流量；Δh 为水库水头差；η 表示发电效率，取 0.26。

根据水位库容曲线，将小湾水库和糯扎渡水库拟合为一个水库，其水位差与库容的关系如式（8.7）所示。

$$\Delta h = \alpha \times S^2 + \beta \times S + \gamma \tag{8.7}$$

式中：S 表示水库库容；α、β、γ 为拟合系数，α 为 -10^7，β 为 0.0104，γ 为 205.53。每年的 6～10 月为汛期，水库的满蓄库容为汛限水位的对应库容，每年的 11 月到次年 5 月为非汛期，此时水库的满蓄库容为总库容。

本研究将老挝已建成的干流水库集合为一个水库，老挝水库数据来自国际农业研究磋商组织（CGIAR）。根据水库的下泄流量、库容和发电量的拟合关系，计算老挝的发电效益，如式（8.8）所示。

$$E_{\mathrm{H,L}} = \mathrm{ph\_L} \times Q \div 14508 \times \left(\alpha \times S^2 + \beta \times S + \gamma \right) \div 12 \times \mathrm{phh} \tag{8.8}$$

式中：$E_{\mathrm{H,L}}$ 表示老挝的发电效益；ph_L 表示老挝的发电单价，根据老挝政府的最新规定，为 0.071 美元/（kW·h）；Q 表示水库下泄流量；S 表示水库库容；采用二次函数拟合，拟合系数 α 为 -2×10^{-4}，β 为 17.995，γ 为 -666.05；phh 为发电效益的权重因子，取为 0.8。

8.3.3 灌溉效益评估

水稻是湄公河下游最主要的农业作物，其灌溉需水是下游主要的农业耗水方式。由于雨养作物不需要农业灌溉，而不影响河道的径流量，故本研究仅考虑下游四国水稻的灌溉效益，不考虑其他作物和雨养水稻的效益。由于中国在澜沧江-湄公河流域的水稻产量较少，这里不考虑中国的灌溉效益。

本模型采用作物水分生产函数（crop water production function）计算灌溉效益，如式（8.9）和式（8.10）所示。

$$E_{\mathrm{A}} = \mathrm{pa} \times Y_{\mathrm{a}} \times A \tag{8.9}$$

$$1 - \frac{Y_{\mathrm{a}}}{Y_{\mathrm{m}}} = K_{\mathrm{y}} \times \left(1 - \frac{\mathrm{AET}}{\mathrm{PET}} \right) \tag{8.10}$$

式中：E_{A} 为下游灌溉效益；pa 是水稻单价；A 是水稻种植面积；Y_{a} 是实际作物产量；Y_{m} 是最大作物产量；K_{y} 是作物产量响应系数，水稻的作物产量相应系数为 1.2；AET 是实际蒸散发量；PET 是有作物时的潜在蒸散发量。

PET 的计算公式如式（8.11）所示，为没有作物时的潜在蒸散发量 ET_0 与作物系数 K_c 的乘积。

$$PET = K_c \times ET_0 \tag{8.11}$$

潜在蒸散发量为 FAO-Penman-Monteith 公式，如式（8.12）所示。

$$ET_0 = \frac{0.408\Delta(R_n - G)}{\Delta + \gamma(1 + 0.34u_2)} + \frac{\dfrac{900}{T+273}\gamma u_2(e_s - e_a)}{\Delta + \gamma(1 + 0.34u_2)} \tag{8.12}$$

式中：Δ 为饱和水汽压-温度曲线斜率；R_n 为净辐射；G 为地表热通量；γ 为湿度计常数；T 为平均气温；u_2 为风速；e_s 和 e_a 分别为饱和水汽压和实际水汽压。

澜湄流域典型干旱年各国的逐月及年度 ET_0 如表 8.3 所示。

表 8.3　澜湄流域典型干旱年各国的逐月及年度 ET_0　（单位：mm）

月份	老挝	泰国	柬埔寨	越南
1	60	75	80	75
2	48	77	101	54
3	54	74	101	86
4	41	49	69	88
5	0	0	0	121
6	0	0	0	87
7	85	108	110	102
8	71	85	103	94
9	84	91	107	94
10	72	82	105	65
11	45	51	69	75
12	61	83	84	70
全年	622	776	929	1011

AET 计算如式（8.13）所示。

$$AET = PE + IR \times \theta \tag{8.13}$$

式中：IR 为单位面积的灌溉量；θ 为灌溉效率系数；PE 为有效降水量。有效降水量根据式（8.14）计算。

$$PE = \begin{cases} \max\left(0, f \times \left(1.253P^{0.824} - 2.935\right) \times 10^{0.001PET}\right), & P \geqslant 12.5\text{mm} \\ P, & P < 12.5\text{mm} \end{cases} \tag{8.14}$$

式中：PE 为有效降水量；P 为实际降水量；f 为修正系数，在灌溉区取值 1.012。

综上，流域内干旱年的有效降水量如表 8.4 所示。

表 8.4　典型干旱年澜湄流域下游四国的逐月和全年有效降水量（单位：mm）

月份	老挝	泰国	柬埔寨	越南
1	27	17	42	41
2	1	2	18	14
3	20	7	2	0
4	11	15	4	2
5	21	19	6	9
6	45	36	36	33
7	73	65	61	64
8	95	86	106	115
9	205	167	118	139
10	174	141	147	120
11	117	117	125	137
12	63	73	107	92
全年	852	746	770	764

下游四国中，老挝、泰国、柬埔寨种植的为两季稻，越南种植的为三季稻。各国的灌溉水稻面积、水稻平均产量、水稻价格和灌溉效率系数信息如表 8.5 所示，灌溉水稻的种植面积和老挝、泰国及柬埔寨的水稻平均产量来源于 Palgrave Macmillan 出版的关于下湄公河地区水稻种植的报告（Cramb，2020），越南的水稻平均产量和水稻单价来源于湄委会报告（MRC，2018）。

表 8.5　下游四国水稻灌溉相关农业数据

项目	老挝	泰国	柬埔寨	越南
灌溉水稻面积/$10^6 hm^2$	0.172	1.425	0.505	1.921
水稻平均产量/（t/hm²）	4.3	2.6	3.1	5.72
水稻价格/（美元/t）	248.007	267.567	243.777	248.007
灌溉效率系数	0.6	0.45	1.8	0.37

8.3.4　渔业效益评估

渔业是湄公河下游国家的重要产业之一，影响着当地就业与生活水平，与湄公河生态环境息息相关。鉴于不同类型渔业产量与径流之间的敏感性不同，本研究仅考虑捕捞天然河道和湖泊中的鱼类获得的效益，而不考虑人工养殖鱼类和天然河道鱼类带来的其他效益。本模型采用渔业产量与径流的关系曲线（Ringler，2001）计算渔业效益，该关系曲线在湄公河流域得到了应用和验证（Ringler et al.，2006），如式（8.15）和式（8.16）所示。

$$E_F = pf \times iff - F_{cos} \tag{8.15}$$

$$iff = \arctan\left(\frac{Q - Q_{min}}{Q_{max}}\right) \times \left[1 - b \times \left(\frac{Q - Q_{min}}{Q_{max}} - c\right)^2\right] \tag{8.16}$$

式中：E_F 表示下游渔业效益；pf 表示渔业标准效益；F_{cos} 表示渔业固定成本，本研究取值为 0；iff 表示渔业相对产量；b、c 为渔业产量与径流的关系曲线的形状系数，均取值为 0.2；Q 表示实际径流量；Q_{min} 表示历史月最小径流量；Q_{max} 表示历史月最大径流量，具体如表 8.6 所示。由于中国和老挝的渔业产量较低，这里只考虑下游三国的渔业效益。

表 8.6　下游三国的历史逐月最大径流量　　　（单位：$10^6 m^3$）

月份	泰国	柬埔寨	越南
1	7975.8	13343.6	13343.6
2	5659.5	8737.4	8737.4
3	5672.5	8159.5	8159.5
4	7071.0	9853.0	9853.0
5	15197.6	22267.3	22267.3
6	31277.6	47973.6	47973.6
7	55247.3	82623.5	82623.5
8	75118.2	111789.8	111789.8
9	71683.5	114585.6	114585.6
10	51729.5	98367.6	98367.6
11	23462.5	47668.1	47668.1
12	11631.2	22621.5	22621.5

8.3.5　合作博弈收益分配

依据澜沧江-湄公河流域国家的上下游关系，记 1=中国、2=老挝、3=泰国、4=柬埔寨、5=越南。根据本书假设，可能导致收益增加的子联盟指的是相邻国家的联盟，具体包括{1,2}、{2,3}、{3,4}、{4,5}、{1,2,3}、{2,3,4}、{3,4,5}、{1,2,3,4}、

{2,3,4,5}、{1,2,3,4,5}。根据各国所处的联盟状态，自上游至下游依次求解对应的优化问题，可将以上联盟对应的 5 个国家的收益情况汇总为表 8.7。

表 8.7　各联盟收益情况　　　　　　　　（单位：10^6美元）

联盟形势	中国	老挝	泰国	柬埔寨	越南	总和
互不合作	3183.4	2643.4	268.5	1443.6	2148.4	9687.3
{12}	2974.8	2891.8	269.3	1443.1	2137.8	9716.8
{23}	3183.4	2399.4	1250.8	1457.1	2185.5	10476.2
{34}	3183.4	2643.4	268.5	1443.6	2148.4	9687.3
{45}	3183.4	2643.4	268.5	1443.6	2148.4	9687.3
{123}	2938.7	2891.9	1443.7	1448.1	2330.6	11053
{234}	3183.4	2399.4	1250.8	1457.1	2185.5	10476.2
{345}	3183.4	2643.4	268.5	1443.6	2148.4	9687.3
{1234}	2938.7	2891.9	1443.7	1448.1	2330.6	11053
{2345}	3183.4	2344.1	1251.4	1461.5	2611.6	10852
{12345}	2807.7	2891.9	1446.2	1464.9	2994.9	11605.6
夏普利法	3399.06	3335.94	941.14	1611.6	2317.86	11605.6
夏普利法增幅/%	6.77	26.19	250.51	11.63	7.88	19.8
核仁法	3341.02	3664.78	426.12	1867.66	2306.02	11605.6
核仁法增幅/%	4.95	38.63	58.7	29.37	7.33	19.8

计算结果表明，通过流域国的合作可以提高跨境河流各流域国的总效益。虽然流域内各国在水资源合作中的贡献程度不同，但是对于全流域而言，所有国家共同合作的总收益最大。全流域总收益最大化并不代表所有国家的收益最大化。如表 8.7 所示，上游国家在全流域合作联盟中的直接收益比互不合作时的收益少，说明上游国家为服从全流域总收益最大化牺牲了自身的部分收益。

联盟内部公平合理的利益分配方式对于跨境河流水资源合作至关重要。表 8.7 利用夏普利值法和核仁法，分别计算了全流域联盟比较互不合作时，各国拟分配的"应得"收益。可以看到，中游三国在两种对于合作增益的分配方案中，均分得较大比例，这主要是由于中游的地理位置更便于与相邻国家有效开展局部合作。非相邻国家间的合作实现起来较为复杂，本模型没有具体讨论，导致模型低估了中国和越南在全流域联盟中的贡献。

在典型干旱条件下，多国联盟最主要的效益增加来源是上游国家利用水库调度满足下游国家的灌溉需水，从而实现下游国家农业效益的提升。在澜湄流域，泰国和越南灌溉面积较大，干旱条件下灌溉缺水较多，对应的潜在效益增加量较多。因此地处中游的泰国在强调"效率优先"的夏普利值法分配方案中有较大优势；而在强调"公平优先"的核仁法中，泰国的优势会被削弱，适度分配给中游其他国家了。

此外，表 8.7 中{34}、{45}、{345}联盟条件下，各国最优化的结果效益均没有变化。这一现象表明，在典型干旱条件下，不借助水库的调蓄功能而仅靠上下游国家农业用水量的简单再分配较难实现效益的增加，上游国家水库调度在澜沧江–湄公河流域合作收益中发挥着重要的作用。

8.4 联盟的动态演化趋势模拟

通过 8.3 节的计算可以看出，干旱条件下澜沧江–湄公河流域在全流域合作时各国的发电、农业、渔业总效益，比互不合作时提升 20%左右，可以实现全流域多个国家的合作共赢。但实际上，全流域所有国家的共同合作是较难一次性达成的，更大范围的联盟往往需要通过相邻国家两两合作来逐步实现。这使全流域国家的合作是一个相对漫长的博弈过程。

此外，跨境河流各流域国的降雨条件和农作物生长过程可能有较大的差异，这使其中某个子联盟在进行水量调度的同时，很可能会"意外"影响其下游国家的收益。这一点在表 8.7 中也有所体现，例如国家 2 和国家 3 合作后，国家 4 和国家 5 的收益比较互不合作时均有少量的提升；而国家 1 和国家 2 合作后，国家 3 的收益略有上升，国家 4 和国家 5 的收益略有下降。该现象也可能会在一定程度上阻碍全流域合作的进程，合作很有可能长期停滞在某一子联盟，而无法吸引或接纳更多的流域国加入。

在表 8.7 的基础上，若没有外力对全流域进行整体干预，即无法一次性从互不合作达成全流域合作，而是从相邻国家的两两自发合作开始逐步扩大联盟范围，我们可以探讨最可能的联盟动态演化过程。此时共有 14 种通向全流域合作的路径，如表 8.8 所示。

表 8.8　全流域合作路径表

路径编号	第一步	第二步	第三步	第四步
1	12	12,34	1234	12345
2	12	12,34	12,345	12345
3	12	12,45	12,345	12345
4	12	123	1234	12345
5	12	123	123,45	12345
6	23	123	1234	12345
7	23	123	123,45	12345

路径编号	第一步	第二步	第三步	第四步
8	23	234	1234	12345
9	23	234	2345	12345
10	23	23,45	2345	12345
11	34	234	1234	12345
12	34	234	2345	12345
13	34	345	2345	12345
14	45	345	2345	12345

表 8.8 中符号的含义：以第 1 条路径为例，表示第一步国家 1 和国家 2 先合作，第二步国家 3 和国家 4 再合作，第三步国家 1～4 合作，第四步国家 5 加入联盟。每次加入新成员后产生的额外收益均平均分配。于是 5 个国家沿各条路径从互不合作至全流域合作时，可以分得的收益如表 8.9 所示。

表 8.9　不同合作路径的收益　　　　（单位：10^6 美元）

路径编号	国家 1	国家 2	国家 3	国家 4	国家 5
1	416.3	416.3	396.4	396.4	110.5
2	395.6	395.6	375.7	375.7	375.7
3	395.6	395.6	375.7	375.7	375.7
4	509.9	509.9	490.0	110.5	110.5
5	547.2	547.2	527.3	147.9	147.9
6	257.4	626.6	626.6	110.5	110.5
7	294.8	663.9	663.9	147.9	147.9
8	218.4	587.6	587.6	218.4	110.5
9	150.7	613.8	613.8	244.7	244.7
10	150.7	613.8	613.8	244.7	244.7
11	218.4	469.0	469.0	469.0	110.5
12	150.7	495.3	495.3	495.3	244.7
13	150.7	441.9	441.9	441.9	441.9
14	150.7	441.9	441.9	441.9	441.9

从表 8.9 可以看出，在互不合作的前提下，国家 1 有沿路径 5 首先与国家 2 寻求合作的需求，而国家 2 和国家 3 均有沿路径 7 首先与对方寻求合作的需求，国家 4 有沿路径 11 首先与国家 3 寻求合作的需求，而国家 5 则希望在路径 13 或路径 14 与国家 4 合作的基础上与国家 3 寻求合作。同时，通过简单计算也可以看

出，国家 2 和国家 3 的合作是相邻两国合作时，增益最高的组合。因此，在典型干旱条件下，国家 2 和国家 3 合作的意愿最强。

　　类似分析可得，国家 2 和国家 3 在合作后会与国家 1 达成合作的意愿。在国家 1～3 合作后，国家 4 会期待沿路径 8（即国家 4 先加入国家 1～3 的联盟，再邀请国家 5 加入）达成全流域合作，而其余 4 国会期待沿路径 7（即国家 4 和国家 5 先组成联盟，再并入国家 1～3 联盟）达成全流域合作。在没有其他因素直接促成合作的前提下，仅靠相邻国家的两两合作，流域将保持在国家 1～3 合作而国家 4 和国家 5 不合作的形势。

　　由以上分析可知，实现跨境河流的全流域合作是较为困难的。如果不能通过有效协商一次性达成全流域的合作，联盟很可能停滞在某一中间态。

8.5　维系联盟稳定性的期权式合约设计

　　8.3 节和 8.4 两节在典型干旱条件下对澜沧江-湄公河流域的跨国水资源合作形势和效益分配进行了讨论。但实际情况更为复杂，如果可用水量有变化，联盟形势也将随之发生变化，已有的联盟可能会瓦解。联盟的存续期与降雨等因素产生的可用水量的随机性具有重大关联。在极端气候条件下，打破合作协议很可能对自身更为有利，这种违约是很难避免的。Ansink 等研究了几种常见的协议类型，但最终发现合同的效率和稳定性总是难以兼顾（Ansink et al.，2016）。

　　违约造成的损害可能是巨大的，上游国家和下游国家可能因此难以再合作。例如，吉尔吉斯斯坦、哈萨克斯坦和乌兹别克斯坦于 1998 年达成了关于锡尔河水量分配的协议，但 5 年后该协议就因极端天气遭到放弃。2003 年的违约后，尽管亚洲开发银行和其他机构先后介入，三国至今尚未再次达成协议。

　　为此我们可以借助金融领域中期权的概念（宋斌 等，2021），实现弹性的补水合作机制。期权是现代四大主流金融衍生品之一，在风险管理中发挥着重要作用。期权交易为买方提供在特定时间以特定价格（行权价格）买入或卖出一定数量确定资产的权利。作为一种现代交易机制，期权交易为双方提供了公平和对称的环境，非常适合跨境合作。

　　具体来讲，上游国家可以为下游国家提供一份水资源交易的期权。下游国家衡量其自身的效益，当预期未来本国有可能较为缺水时，可以购买一定份额的这种水权期权并支付相应的期权费。之后在到期日，下游国家有权根据本国实际降水量决定是否行权，若行权则以行权价格支付费用以获得相应的上游排水量。反之若下游国家当年水量充足，则无须再向上游国家支付水费，无论上游国家是否需要向下游排水。这大大增加了交易的灵活性，避免了极端天气造成的联盟不稳定。

根据以上思想我们可以建立如下的期权式水权交易模型。假设合作中只有两个交易主体，即上游国家和下游国家，用下标 1 代表上游国家，下标 2 代表下游国家，上下游国家之间的期权交易过程主要包括以下三步。

第一步，当年上游国家提供期权费为 c、执行价格为 p 的期权，并规定最大购买数量为 S；第二步，下游国家根据期权价格、自身降水量和对用水效益的估计，决定是否购买期权和具体的购买数量 $s(s \leqslant S)$，如需购买下游国家向上游国家支付期权费 cs；第三步，次年，下游国家根据自身实际可用水量确定行权量 $q(q \leqslant s)$，下游国家向上游国家支付费用 pq，上游国家则排出 q 的水量供下游国家使用。

为了求解最优解对应的 c、p、S 和 s，记每年期权交易前上下游国家可用的初始水量分别为 R_1 和 R_2，两者均为随机变量，包括降水和水库库容等。假设 R_1 和 R_2 是相互独立的，其累积分布函数分别为 F_1 和 F_2。次年，随机变量 R_1 和 R_2 的实际实现值为 r_1 和 r_2，这也是次年上下游国家分别的实际降水。

假设随机变量 R_1 和 R_2 有界，范围分别为 $[m_1, n_1]$ 和 $[m_2, n_2]$，其中 m_i、$n_i \in [0, +\infty)$，初步研究可以补充假设 $m_1 > 0$。设上下游的用水效益函数分别为 $b_1(x)$ 和 $b_2(x)$，且有 $b_i'(x) \geqslant 0$、$b_i''(x) \leqslant 0$，即效益单增且边际效益递减。记 $d = b_2'^{-1}(p)$，表示使边际效益等于行权价格的下游国家降水量。下游国家实际可用水量 $r_2 < d$ 时，下游国家有行权的动力，此时购买水支付的价格 p 能够带来超过 p 的效益。

令行权量 $Q = R_1 - W_1 = W_2 - R_2$，其中 W_1、W_2 表示下游国家行权后上下游国家分别的可用水量，则

$$Q = \begin{cases} 0, & d < R_2 \\ d - R_2, & R_2 \leqslant d < R_2 + s \\ s, & d \geqslant R_2 + s \end{cases} \tag{8.17}$$

或统一写为

$$Q = (d - R_2)^+ \wedge s \tag{8.18}$$

式中：上角标"+"表示 $(d - R_2)$ 与 0 取大值；$\wedge$ 表示 $(d - R_2)^+$ 与 s 取小值。

用 U_1 和 U_2 分别表示上下游国家的总效益，包括用水效益和期权交易过程中财富转移带来的效益。可得，上游的总效益 U_1 由剩余水量的用水效益 $b_1(W_1)$、期权费收入 cs 和下游国家行权带来的收入 pQ 等三部分组成，

$$
\begin{aligned}
U_1 &= b_1(W_1) + cs + pQ \\
&= b_1(R_1 - Q) + cs + pQ \\
&= b_1[R_1 - (d - R_2)^+ \wedge s] + cs + p[(d - R_2)^+ \wedge s]
\end{aligned}
\tag{8.19}
$$

类似地，下游国家的总效益 U_2 为

$$
\begin{aligned}
U_2 &= b_2(W_2) - cs - pQ \\
&= b_2(R_2 + Q) - cs - pQ \\
&= b_2[R_2 + (d - R_2)^+ \wedge s] - cs - p[(d - R_2)^+ \wedge s]
\end{aligned}
\tag{8.20}
$$

上下游国家分别求解其各自最优的效益函数，即可确定最优的期权购买量和行权量，从而确定期权价格。具体分为以下几步。

首先假设上游国家愿意出售无限多份期权，在给定期权费 c 和行权价格 p 的情况下，可以理论证明：当 $p < b_2'(m_2)$ 时，下游国家才有可能愿意购买至少一份期权；下游国家最优的期权购买量 $s^*(c, p)$ 是方程 $E[b_2'(R_2 + s^*) - p]^+ - c = 0$ 的唯一解，其中 E 表示数学期望。

接下来由上游国家决定其最佳发售量，显然其出售多于 s^* 份的期权是没有意义的，因为此时下游国家不会购买。同时由于下游国家购买期权的边际期权效益函数递减，即 $E[U_2''(s)] = \int_{m_2}^{d-s} [b_2''(r_2 + s)]\mathrm{d}F_2(r_2) < 0$，上游国家出售量 $S^* \leqslant s^*$ 时，下游国家会选择全部购买。换言之，上游国家只需要决定自己是否要提供下游国家期待的全部期权，如果不完全提供，则提供部分也会被全部购买。可以证明，此时上游国家最佳出售量 S^* 为

$$
\begin{aligned}
S^*(c, p) &= \arg \max_{S \leqslant \min\{s^*, m_1\}} E[U_1(S)] \\
&= \arg \max_{S \leqslant \min\{s^*, m_1\}} \left(cS + pE[Q(R_2, S)] + E\{b_1[R_1 - Q(R_2, S)]\} \right) \\
&= \arg \max_{S \leqslant \min\{s^*, m_1\}} \left(cS + p\int_{m_2}^{n_2} Q(r_2, S)\mathrm{d}F_2(r_2) + \int_{m_1}^{n_1}\int_{m_2}^{n_2} b_1[r_1 - Q(r_2, S)]\mathrm{d}F_2(r_2)\mathrm{d}F_1(r_1) \right)
\end{aligned}
\tag{8.21}
$$

通常，S^* 的解没有显式的表达式，可以借助软件求解数值解，但在一些特殊条件下，例如当 $b_1(x)$ 为线性函数时可以有解析解。

在上下游国家分别确定了其最优发售量和购买期权量后，可以改变期权费 c 和执行价格 p 使上游国家期望效益最大化，从而确定其期权价格，即求解如下的规划问题：

$$\begin{cases} (c^*, p^*) = \arg\max_{c, p>0} \left(cS^* + pE[Q(R_2, S^*)] + E\{b_1[R_1 - Q(R_2, S^*)]\} - E[b_1(R_1)] \right) \\ \text{s.t.} \begin{cases} s^* = \arg\left(E\{[b_2'(R_2 + s^*) - p]^+\} - c = 0 \right) \\ S^* = \arg\max_{S \leq \min\{s^*, m_1\}} E[U_1(S)] \end{cases} \end{cases} \quad (8.22)$$

将澜沧江-湄公河流域概括为中国和下游国家,根据相关数据,可以拟合出二者各自的用水效益函数为(Yu et al.,2019b)

$$b_1(x_1) = -0.0699x_1^2 + 12.9291x_1 \quad (8.23)$$

$$b_2(x_2) = -0.1596x_2^2 + 31.6077x_2 \quad (8.24)$$

式中:$b_i(x)$ 是上下游国家的效益函数;x_i 是上下游国家的可用水量,满足均匀分布 $x_1 \sim U[42.91, 80.87]$ 和 $x_2 \sim U[47.67, 92.24]$。

利用本节的公式,求解出最优的期权费 c 为 0.0012 美元/m³,最优的行权价格 p 为 0.0069 美元/m³。此时,实际交易的期权分数为 1.143×10^{10} m³,平均行权量为 3.37×10^9 m³。在交易过后,上游的期望效益从 5.24×10^8 美元上升到 5.52×10^8 美元,下游的期望效益从 1.40×10^9 美元上升到 1.43×10^9 美元。换言之,该合作总共能创造约 5.58×10^7 美元的经济效益。更重要的是,这样的合作方式不会因为异常天气的干扰而轻易瓦解,从而提高了跨境河流合作的稳定性。

8.6 小　　结

本章以澜沧江-湄公河流域为例,构建了跨境河流的合作博弈模型,用以研究跨境流域的效益分配问题。博弈模型考虑了流域国家的发电效益、灌溉效益和渔业效益,通过在不同合作方式下优化各自子联盟的效益,计算出不同合作方式下各国的水量分配及对应的效益。在此基础上,采用合作博弈论中经典的夏普利值法和核仁法对合作效益进行分配,分析了不同联盟情景下的合作效益分配方案。其中夏普利值法和核仁法是合作博弈中利益分配的两种常用方法,均具有公理化意义,分别对应了经济学上效率优先和公平优先的效益分配思路。

在典型干旱年,合作博弈模型模拟结果显示,全流域合作能够显著增加流域总体效益。但全流域总效益最大化并不代表所有国家的效益最大化,一些国家可能会由于最大化全流域总效益而产生一定的损失。因此,联盟内部公平合理的利益分配方式对于跨境河流水资源合作至关重要。

以上效益分配方案的探讨是基于全流域合作的基础上进行的静态分析,若各个国家从互不合作的状态出发,根据自身利益逐步与上下游国家达成合作,则全流域的联盟形势会出现不同的动态演化过程。针对本章选取的流域，通过相邻国家两两合作来逐步达到全流域联盟，共有 24 种不同的全流域联盟达成路径。在对各国发电效益、灌溉效益和渔业效益计算的基础上，可以数值模拟出每条合作路径的总意愿，并筛选出总意愿最大的合作路径。分析表明，基于本章构建的典型干旱年下的合作博弈模型，仅由相邻国家基于自身利益逐步扩大合作的方式，难以最终达成全流域的合作。如果全流域国家能够有意识地一次性实现多国联盟合作，可以有效提升全流域整体利益。

得之不易的水资源跨境合作并不是一劳永逸的。由于降雨等因素的影响，不同年份流域的可用水量具有随机性，从而很大程度上降低了联盟的稳定性。为维系联盟稳定，防止违约发生，本章提出了一种基于期权概念的跨境水资源合作机制。上下游国家对未来水量调度的合作协议可以采取两步式进行，前一年双方以较低价格签定来年水量调度的"期权"，下一年根据实际降雨量等因素决定是否行权。这种弹性的合作机制可以有效规避极端天气等因素对联盟的破坏，保障流域的长久合作。本章对这种方式下的期权价格进行了严格的理论推导，用隐函数的形式给出了期权价格的数学表达式。以澜沧江-湄公河为例，计算了最优的期权价格和对应的上下游国家合作效益。

第9章　跨境河流水合作的进化与上下游互惠

9.1　导　言

互惠是人际交往中一种常用的原则，顾名思义，主要指被帮助者有回报义务，同时也包含对破坏合作者的惩罚以及对合作的善意倾向等（黄真，2012；Gouldner，1960；Cropanzano et al.，2005）。互惠理论的基本思想在生物学和社会学研究中均有体现。在生物学中，古典达尔文理论曾面临利他主义的难题，为解决这一问题，生物学家特里弗斯（Trivers，1971）提出了生物学意义下的互惠利他理论。例如，非洲的某种吸血蝙蝠在捕食困难时，会将自己的食物分舍给其他并没有血缘关系的同伴，如果对方没有回报，则不会施舍第二次。同时，互惠思想也是社会交换理论的重要组成部分。社会学家 Simmel 认为"社会为何能够存在"这一社会科学根本性问题的答案就是人际之间存在互惠，即被帮助者有回报义务。

互惠原则是国际法中的一个基本原则，特别是在公法和经济法领域。Taylor（1987）通过理论和实践验证，可以广泛运用互惠理论分析国家间合作的形成与发展。然而，互惠原则并不适用于一切国际关系问题，对于领土争端等博弈双方（或多方）不想达到同一效果的问题，互惠理论通常失效。互惠策略想要产生预期的合作结果，需要满足以下条件：第一，双方的博弈永远存在，不会在可预期的时间结束；第二，博弈双方的决策相互依赖；第三，博弈结构不会在短时间内发生快速的重大改变，即每次博弈的双方收益值基本稳定；第四，博弈双方必须具备实施互惠策略的意愿和能力；第五，信息透明和共同理解。

本章针对跨境河流上下游国家间的合作问题，认为互惠理念也是跨境河流水资源合作的基础。本章所应用的互惠理论主要基于著名学者阿克塞尔罗德的思想，他的名著《合作的进化》（Axelrod，1984）出版 30 多年来形成了一个新的研究领域。阿克塞尔罗德经过计算机模拟试验发现互惠策略在众多策略中取得最终胜利，据此通过理论分析，阿克塞尔罗德提出互惠策略应遵循以下逻辑：一是在首次交往（博弈）中选择与对方进行合作；二是在随后的交往（博弈）中采取对等策略，如果对方在前次博弈中选择合作则自己也选择合作策略，反之亦然，即所谓的"以眼还眼、以牙还牙"。

跨境河流问题处于一般互惠问题和"非此即彼"的领土争端问题之间，一方面，由于上下游地理位置的不同，流域国之间不存在狭义的简单互惠关系；另一方面，跨境河流不同于领土主权问题，不完全是"非此即彼"，在大多数情况下，友好合作对上下游都是有利的。引入互惠理论，对跨境河流的共同开发问题进行深入研究，有助于改变当前跨境河流开发中"零和博弈"为主的思维方式，促进跨境河流流域和区域合作，有效解决当前跨境河流合作中的困局。

9.2　互惠理论在水资源合作中应用的可行性分析

针对互惠理论的基础条件（Axelrod，1984），逐条分析基于互惠实现跨境河流水资源合作的可行性如下（钟勇 等，2016）。

（1）国家处于无限结构的博弈链中。在以和平发展为主题的当代国际大背景下，一般来讲，国家之间某一领域的利益冲突还难以导致国家间关系决裂或者国家的灭亡，国家间围绕政治、经济、文化等各方面的博弈是长期存在的主流现象。对于跨境河流水资源开发利用而言，由于水文现象具有连续性和周期性，水利工程的调度具有年复一年的无限重复特性，再考虑当事国家间在其他领域可能存在的互补利益，可以认为国家间的水资源合作处于相互牵制的无限博弈链中，单方面追求自身利益最大化没有最终的赢家。

（2）国家处于决策相互依赖中。国家间跨境水资源合作中，一方采取的行动和对策是另一方决策的环境，在多数情况下都会影响甚至改变对方的决策。例如，2005 年由于工厂事故引发的松花江水污染事件，经历了俄方抗议—中方积极回应—俄方理解—双方开展水污染防治合作—合作增进互信的博弈决策过程，是一种相互依赖的决策过程。

（3）博弈各方的收益值基本保持稳定，不在短时间内发生快速的重大变化。水资源是人类赖以生存的基础，其对人类的意义不可能随时间递减，即博弈收益的折扣系数（每一步的收益相对于上一步的折扣程度）足够大，使博弈回合可以足够多。实际上，伴随人口增长和社会发展，水资源的价值将越来越大，未来的重要性会对博弈方形成威慑，有利于博弈的稳定。此外，在一般情况下，博弈的主体不会发生重大变化。如果相关国家发生重大变更，那么在新的博弈结构下开始一个新的稳定周期。

（4）国家必须具备实施互惠策略的意愿和能力。跨境流域内各国对水资源有共同需求与依赖，除此以外还有多种利益相互交织，客观上也使利益相关国不得不寻求合作的途径和方式，同时，随着区域和全球经济合作不断深化，不同国家对跨境河流水资源合作开发的共识也正逐步形成。随着水利工程建设和水资源利用技术的发展，人类对河流的开发能力越来越强，逐渐具备兼顾水能开发和水环境保护的能力。

（5）信息透明和共同认知。新技术的利用使流域内各国对相互间的水文信息了解程度大大提高，伴随着水文水资源监测、模拟分析等科学技术手段的发展，跨境河流的监测和预报能力不断提高，以往受国界限制的跨境河流水资源信息获取能力不断增强，信息透明度越来越高。跨境河流利益相关国家对全流域水资源信息有效掌握，遥感技术使各种工程措施都不得不"阳光化"，客观上推进各方达成共同认知。

以上分析表明，跨境河流水资源合作符合互惠理论描述的特征，有可能摆脱"囚徒困境"。事实上，在跨境河流博弈实践中既有迫切需求和重大挑战，也确有互惠合作的成功案例。

9.3　跨境河流水资源合作的互惠理论框架

跨境河流水资源合作的"囚徒困境"式博弈具有无限次博弈、决策相互依赖、博弈结构稳定等特征，依据阿克塞尔莱德的互惠理论，跨境河流水资源开发利用终将在"无限次博弈"中走向合作。根据这一判断，本书依据互惠理论基本原理，提出促进跨境河流水资源合作的 3 个机制，即互惠机制、合作机制和公平机制，构成了跨境河流水资源合作的互惠理论框架。

9.3.1　互惠机制

互惠合作的实现，关键是形成互惠理念的共识。互惠理论中的"一报还一报"不仅包含对合作的回报，而且包含对背叛的报复。既要通过宣传形成普遍实施基于回报的互惠策略的氛围，也要对背叛者施以惩戒，避免背叛者在后续行动中损害更多互惠策略者的利益。同时，强调可采取宽容的报复策略，避免"一报还一报"的无休止循环。

目前国际社会对于跨境河流合作公平合理利用原则和不造成重大损害的认识分歧造成了上下游国家的相互指责和不满，许多重要跨境河流大国并未加入国际公约，跨境河流领域尚未形成互惠合作的理念共识。若能在《国际水道非航行使用法公约》中增加对互惠理念的阐述，明确上下游国家对等的权利和义务关系，则将可以推动公约在国际社会获得更为广泛的共识，形成跨境河流流域国关心合作伙伴利益的氛围，则可以促进合作的形成。

因此，跨境河流互惠理论的互惠机制旨在促使跨境河流合作领域形成互惠共识，其内涵包括：①明晰国际水法领域的互惠原则含义，强调流域上下游国家权利和义务的对等性，鼓励跨境河流国家在合作中采取互惠策略；②加强跨境水资源互惠合作的积极回馈和正面宣传，明确合作可以增加流域的总体收益，并且可以产生超越水本身的利益；③建立对已达成的合作协定的背叛行为的惩罚机制，通过利益共享、外交支持、政府间友好互动等方式对友好合作予以肯定。

9.3.2　公平机制

实施互惠合作还应具备识别对方行为是背叛还是合作的能力，其中包含两层含义，一是识别到对方正在采取的行动，二是能对已经发生的行动进行正确评估。例如在核武器控制问题上，曾长期因无法区别核爆炸和地震而无法推进国家间的合作（Sykes et al.，1982）。

跨境河流互惠理论的公平机制旨在提升跨境河流合作的识别能力和利益分配的公平性，使参与合作各方的利益能得到较为公平的体现。其内涵包括：①建立跨境河流水资源监测系统，如综合采用地面监测、遥感观测及数值模拟技术掌握流域水情，共建共享跨境河流流域国数据库，实现数据共享，使流域水资源使用透明化；②建立跨境河流利益公平分配模型和机制，目前理论上比较成熟和广泛认可的方法为建立跨境水资源合作效益的量化模型和合作博弈数学模型，在此基础上进行谈判磋商，合理分配合作带来的额外收益。

9.3.3　合作机制

互惠理论表明持久和频繁的接触有利于维持合作关系，通过增大未来的影响和改变收益值，可以促进合作。实现途径包括使相互作用更持久、使相互作用更频繁、增大合作的长期激励、减少背叛的短期收益等。例如第一次世界大战西战场堑壕战中的"自己活也让人活"的系统（Ashworth，1980）正是交战双方在相对稳定的长期接触中形成的，此系统的形成、维持和瓦解印证了互惠理论关于合作稳定性和"合作必须基于回报"等的论点。在商业活动中，交易双方往往将订单分为若干批次交货，增加接触频率，使背叛的收益相对于长期合作的收益不再诱人，从而促进合作。

因此，跨境河流互惠理论的合作机制旨在促进在跨境流域内形成稳定频繁的合作关系，为互惠合作的形成奠定基础。其内涵包括：①建立长期的水资源合作关系，如签订多边或双边合作协议、成立流域水管理协调机构等，加强水资源领域交流互访，包括高层互访、技术交流、项目合作等；②提高水资源合作的长期收益，通过流域合理开发，提高流域水资源综合利用效益，在航运、灌溉、生态、发电等流域创造更多的价值，提高合作各方的合作收益；③通过水资源领域的合作，促进有关国家的政治互信，从而带动其他领域的合作水平，在特殊情况下，可以开展水资源领域的利益与其他领域的利益置换的高水平合作。

9.4 小　　结

本章介绍了互惠理论，论证了互惠理论框架在跨境河流水资源合作问题中的适用性，并在互惠理论的指导下，从促进跨境河流互惠合作出发，提出了包含互惠机制、公平机制和合作机制的跨境河流互惠合作理论框架。

跨境河流合作开发中的困境是一个普遍现象，最根本的原因是各利益相关方对跨境河流共享的水资源从潜意识里有多占甚至独占的欲望，没有形成互惠合作的氛围和理念。除此之外，经济、历史、宗教、文化，甚至意识形态都可能成为合作开发的阻碍。

互惠合作是摆脱跨境河流开发利用困境的唯一选择。跨境河流合作中的困境严重阻碍了共同发展，造成许多跨境水资源纠纷。走出困境，必须放下恩怨，理性合作。走向合作还面临众多挑战，最重要的是促成形成共同利益的合作途径，其中利益相关方中大国的作用举足轻重。从追求自身利益最大化转向理性合作，从个体利益最大化转化到整体利益最大化。寻求合作、实现共赢应是跨境河流水资源开发利用的主流方向，从长远看，互惠合作将是实现跨境河流效益最大化的基本策略。

实现合作进化的长远发展需要建立利益共享互惠的长效机制。上游国家在水资源开发中考虑和照顾下游国家的合理关切，特别是在工程建成后的调度运行中做到科学合理，让下游国家享受上游开发产生的红利，下游国家可适当补偿上游国家，实现互利共赢；在下游国家水资源开发利用程度普遍高于上游国家的现状下，下游国家应尊重上游国家开发利用水资源的合理权益，因为这不仅使上下游国家受益，而且是促进流域各国实现合作进化的重要因素。

跨境河流互惠合作理论框架中，互惠机制旨在促使跨境河流合作领域形成互惠共识，其内涵包括：明晰国际水法领域的互惠原则含义；加强跨境水资源互惠合作的积极回馈和正面宣传；建立对背叛行为的惩罚机制。公平机制旨在提升跨境河流合作的识别能力和利益分配公平性，其内涵包括：建立跨境河流水资源监测系统，使流域水资源使用透明化；建立跨境河流利益公平分配模型和机制。合作机制旨在促进在跨境流域内形成稳定频繁的合作关系，其内涵包括：建立长期的水资源合作关系，加强水资源领域交流互访；提高水资源合作的长期收益；通过水资源领域的合作，促进有关国家的政治互信，从而带动其他领域的合作水平。跨境河流各流域国从互惠机制出发，在公平机制的基础建立互惠合作关系，以合作机制作为长期保障，从而实现互惠共赢的合作开发形势，提高跨境河流综合利用效益。

参 考 文 献

董保民, 王运通, 郭桂霞, 2008. 合作博弈论: 解与成本分摊[M]. 北京: 中国市场出版社.

侯时雨, 田富强, 陆颖, 等, 2021. 澜沧江-湄公河流域水库联合调度防洪作用[J]. 水科学进展, 32(1): 68-78.

黄真, 2012. 互惠策略与国际关系[J]. 太平洋学报, 20(3): 48-57.

雷霄雯, 2020. 人类用水时空特性与演化机理研究[D]. 北京: 清华大学.

芦由, 2021. 跨境河流合作演化的社会水文模型研究[D]. 北京: 清华大学.

宋斌, 井帅, 林木, 等, 2021. 期权与期货[M]. 北京: 中国人民大学出版社.

田富强, 胡和平, 雷志栋, 2008. 流域热力学系统水文模型: 本构关系[J]. 中国科学: 技术科学, 38(5): 671-686.

屠酥, 2016. 澜沧江-湄公河水资源开发中的合作与争端（1957—2016）[D]. 武汉: 武汉大学.

王浩, 王建华, 秦大庸, 等, 2006. 基于二元水循环模式的水资源评价理论方法[J]. 水力学报, 37(12): 1496-1502.

徐冉, 铁强, 代超, 等, 2015. 雅鲁藏布江奴下水文站以上流域水文过程及其对气候变化的响应[J]. 河海大学学报（自然科学版）, 43(4): 288-293.

赵妍妍, 秦兵, 刘挺, 2010. 文本情感分析[J]. 软件学报, 21(08): 1834-1848.

中华人民共和国外交部, 2020. 澜沧江-湄公河合作概况[EB/OL]. [2021-01-22]. https://www.fmprc.gov.cn/web/wjb_673085/zzjg_673183/yzs_673193/dqzz_673197/lcjmghhz_692228/gk_692230/.

钟勇, 2016. 基于互惠合作的跨界河流开发利用博弈模型研究[D]. 北京: 清华大学.

钟勇, 刘慧, 田富强, 等, 2016. 跨界河流合作中的囚徒困境与合作进化的实现途径[J]. 水利学报, 47(5): 685-692.

ALLEN R G, PEREIRA L S, RAES D, et al., 1998. Crop evapotranspiration-guidelines for computing crop water requirements-FAO irrigation and drainage paper 56[M]. Rome: FAO.

ANSINK E, HOUBA H, 2016. Sustainable agreements on stochastic river flow[J]. Resource and energy economics, 44: 92-117.

ARJOON D, TILMANT A, HERRMANN M, 2016. Sharing water and benefits in transboundary river basins[J]. Hydrology and earth system sciences, 20(6): 2135-2150.

ASHWORTH T, 1980. Trench warfare, 1914-1918: the live and let live system[M]. London: Macmillan.

AXELROD R, 1984. The evolution of cooperation [M]. New York: Basic Books.

BALLIET D, PARKS C, JOIREMAN J, 2009. Social value orientation and cooperation in social dilemmas: a meta-analysis[J]. Group processes & intergroup relations, 12(4): 533-547.

BARAN E, CAIN J, 2001. Ecological approaches of flood-fish relationships modelling in the Mekong River[C]// LYE K H, HASAN Y A. Proceedings of the National Workshop on Ecological and Environmental Modelling. Penang, Malaysia. Ministry of Science, Technology, and the Environment: 20-27.

BASHEER M, WHEELER K G, RIBBE L, et al., 2018. Quantifying and evaluating the impacts of cooperation in transboundary river basins on the Water-Energy-Food nexus: the Blue Nile Basin[J]. Science of the total environment, 630(15): 1309-1323.

BERARDO R, GERLAK A K, 2012. Conflict and cooperation along international rivers: crafting a model of institutional effectiveness[J]. Global environmental politics, 12(1): 101-120.

BERNAUER T, BÖHMELT T, 2020. International conflict and cooperation over freshwater resources[J]. Nature sustainability, 3(5): 350-356.

BRAVO-MARQUEZ F, MENDOZA M, POBLETE B, 2014. Meta-level sentiment models for big social data analysis[J]. Knowledge-based systems, 69: 86-99.

BROMWICH B, 2015. Nexus meets crisis: a review of conflict, natural resources and the humanitarian response in Darfur with reference to the water-energy-food nexus[J]. International journal of water resources development, 31(3): 375-392.

BURBANO M, SHIN S, NGUYEN K, et al., 2020. Hydrologic changes, dam construction, and the shift in dietary protein in the Lower Mekong River Basin[J]. Journal of hydrology, 581: 124454.

CALDAS M M, SANDERSON M R, MATHER M, et al., 2015. Opinion: endogenizing culture in sustainability science research and policy[J]. Proceedings of the National Academy of Sciences, 112(27): 8157-8159.

CAMPANA M E, VENER B B, LEE B S, 2012. Hydrostrategy, hydropolitics, and security in the Kura-Araks Basin of the South Caucasus[J]. Journal of contemporary water research & education, 149(1): 22-32.

CAREN N, 2019. Word lists and sentiment analysis[EB/OL]. (2019-05-01)[2020-12-21]. https://nealcaren.org/lessons/wordlists.

CHEN F, LIU B, CHENG C, et al., 2017. Simulation and regulation of market operation in hydro-dominated environment: the Yunnan case[J]. Water, 9(8): 623-640.

CHOUDHURY E, ISLAM S, 2018. Complexity of transboundary water conflicts: enabling conditions for negotiating contingent resolutions [M]. London, UK: Anthem Press.

COOPER S D, 2005. Bringing some clarity to the media bias debate[J]. Review of communication, 5(1): 81-84.

CRAMB R, 2020. The evolution of rice farming in the Lower Mekong Basin[M]//CRAMB R. White gold: the commercialisation of rice farming in the Lower Mekong Basin. Singapore: Palgrave Macmillan: 3-35.

CROPANZANO R, MITCHELL M S, 2005. Social exchange theory: an interdisciplinary review[J]. Journal of management, 31(6): 874-900.

DI BALDASSARRE G, SIVAPALAN M, RUSCA M, et al., 2019. Sociohydrology: scientific challenges in addressing the sustainable development goals[J]. Water resources research, 55(8): 6327-6355.

DI BALDASSARRE G, VIGLIONE A, CARR G, et al., 2013. Socio-hydrology: conceptualising human-flood interactions[J]. Hydrology and earth system sciences, 17(8): 3295-3303.

DINAR A, 2004. Exploring transboundary water conflict and cooperation[J]. Water resources research, 40(5): 1-3.

DINAR S, 2009. Scarcity and cooperation along international rivers[J]. Global environmental politics, 9(1): 109-135.

DO P, TIAN F, ZHU T, et al., 2020. Exploring synergies in the water-food-energy nexus by using an integrated hydro-economic optimization model for the Lancang-Mekong River Basin[J]. Science of the total environment, 728: 137996.

DOMBROWSKY I, 2007. Conflict, cooperation and institutions in international water management: an economic analysis[M]. Cheltenham: Edward Elgar Publishing.

DOORENBOS J, KASSAM A. H, 1979. FAO irrigation and drainage paper 33[M]. Rome: FAO.

FAO, 2004. Rice and narrowing the yield gap[M]. Rome: FAO.

FAO, 2011. Irrigation in Southern and Eastern Asia in figures[R]. Rome: FAO.

FAO, 2012. Mekong River Basin. Irrigation in Southern and Eastern Asia in figures: AQUASTAT survey-2011[R]. Rome: FAO.

FAO, 2015. AQUASTAT dissemination system[EB/OL]. [2020-11-27]. http://www.fao.org/nr/water/aquastat/data/query/index.html?lang=en.

FAO, 2019a. Food and agriculture data [EB/OL]. [2020-11-27]. http://www.fao.org/faostat.

FAO, 2019b. Crop Water information [EB/OL]. [2020-11-27]. http://www.fao.org/land-water/databases-and-software/crop-information/en/.

FENG Y, WANG W, SUMAN D, et al., 2019. Water cooperation priorities in the Lancang-Mekong River Basin based on cooperative events since the Mekong River Commission establishment[J]. Chinese geographical science, 29(1): 58-69.

FRIELER K, LANGE S, PIONTEK F, et al., 2017. Assessing the impacts of 1. 5℃ global warming-simulation protocol of the inter-sectoral impact model intercomparison project(ISIMIP2b)[J]. Geoscientific model development, 10(12): 4321-4345.

FROHLICH C J, 2012. Security and discourse: the Israeli-Palestinian water conflict [J]. Conflict, security & development, 12(2): 123-148.

GEBRELUEL G, 2014. Ethiopia's Grand Renaissance Dam: ending Africa's oldest geopolitical rivalry?[J]. The Washington quarterly, 37(2): 25-37.

GHANI N A, HAMID S, HASHEM I A T, et al., 2019. Social media big data analytics: a survey[J]. Computers in human behavior, 101: 417-428.

GLADWELL M, 2002. The tipping point: how little things can make a big difference [M]. Boston: Back Bay Books.

GOULDNER A W, 1960. The norm of reciprocity: a preliminary statement[J]. American sociological review, 25(2): 161-178.

GUO L, ZHOU H, XIA Z, et al., 2016. Evolution, opportunity and challenges of transboundary water and energy problems in Central Asia[J]. SpringerPlus, 5(1): 1-11.

GUO L, WEI J, ZHANG K, et al., 2022. Building a methodological framework and toolkit for news media dataset tracking of conflict and cooperation dynamics on transboundary rivers[J]. Hydrology and earth system sciences, 26(4): 1165-1185.

GÜTH W, SCHMITTBERGER R, SCHWARZE B, 1982. An experimental analysis of ultimatum bargaining[J]. Journal of economic behavior & organization, 3(4): 367-388.

HAN Z, LONG D, FANG Y, et al., 2019. Impacts of climate change and human activities on the flow regime of the dammed Lancang River in Southwest China[J]. Journal of hydrology, 570: 96-105.

HARDIN G, 2009. The tragedy of the commons[J]. Journal of natural resources policy research, 1(3): 243-253.

HART S, MAS-COLELL A, 2001. A general class of adaptive strategies[J]. Journal of economic theory, 98(1): 26-54.

HE Z, TIAN F, GUPTA H V, et al., 2015. Diagnostic calibration of a hydrological model in a mountain area by hydrograph partitioning[J]. Hydrology and earth system sciences, 19(4): 1807-1826.

HERBERTSON K, 2013. Xayaburi Dam: How Laos violated the 1995 Mekong Agreement[R/OL]. (2013-01-28) [2020-11-27]. https://archive.internationalrivers.org/blogs/267/xayaburi-dam-how-laos-violated-the-1995-mekong-agreement.

HOANG L P, VAN VLIET M T H, KUMMU M, et al., 2019. The Mekong's future flows under multiple drivers: how climate change, hydropower developments and irrigation expansions drive hydrological changes[J]. Science of the total environment, 649: 601-609.

HORTLE K, PENGBUN N, RADY H, et al., 2005. Tonle sap yields record haul[J]. Catch and culture, 10(1): 2-5.

IFPRI I, 2017. Global spatially-disaggregated crop production statistics data for 2005 version 3. 1[EB/OL]. [2020-11-27]. https://www.ifpri.org/publication/global-spatially-disaggregated-crop-production-statistics-data-2005.

INTRALAWAN A, WOOD D, FRANKEL R, et al., 2018. Tradeoff analysis between electricity generation and ecosystem services in the Lower Mekong Basin[J]. Ecosystem services, 30: 27-35.

IWASA Y, UCHIDA T, YOKOMIZO H, 2007. Nonlinear behavior of the socio-economic dynamics for lake eutrophication control[J]. Ecological economics, 63(1): 219-229.

JIANG H, LIN P, QIANG M, 2016. Public-opinion sentiment analysis for large hydro projects[J]. Journal of construction engineering and management, 142(2): 05015013(1-12).

JONGERDEN J, 2010. Dams and politics in Turkey: utilizing water, developing conflict[J]. Middle East policy, 17(1): 137-143.

JUST R E, NETANYAHU S, 1998. Conflict and cooperation on trans-boundary water resources[M]. Berlin: Springer Science & Business Media.

KABOOSI K, KAVEH F, 2012. Sensitivity analysis of FAO 33 crop water production function[J]. Irrigation science, 30(2): 89-100.

KAHNEMAN D, TVERSKY A, 1979. Prospect theory: an analysis of decision under risk[J]. Econometrica, 47(2): 263-291.

KANDASAMY J, SOUNTHARARAJAH D, SIVABALAN P, et al., 2014. Socio-hydrologic drivers of the pendulum swing between agricultural development and environmental health: a case study from Murrumbidgee River Basin, Australia[J]. Hydrology and earth system sciences, 18(3): 1027-1041.

KUMAR P, 2011. Typology of hydrologic predictability[J]. Water resources research, 47(3): W00H05(1-9).

LASSWELL H D, 1968. The uses of content analysis data in studying social change[J]. Social science information, 7(1): 57-70.

LAZER D, PENTLAND A, ADAMIC L, et al., 2009. Social science. Computational social science[J]. Science, 323(5915): 721-723.

LI H, SIVAPALAN M, TIAN F, 2012. Comparative diagnostic analysis of runoff generation processes in Oklahoma DMIP2 Basins: the Blue River and the Illinois River[J]. Journal of hydrology, 418: 90-109.

LI D, ZHAO J, GOVINDARAJU R S, 2019. Water benefits sharing under transboundary cooperation in the Lancang-Mekong River Basin[J]. Journal of hydrology, 577(10): 1-10.

LIU B, 2012. Sentiment analysis and opinion mining[J]. Synthesis lectures on human language technologies, 5(1): 1-167.

LIU Y, TIAN F, HU H, et al., 2014. Socio-hydrologic perspectives of the co-evolution of humans and water in the Tarim River Basin, Western China: the Taiji-Tire model[J]. Hydrology and earth system sciences, 18(4): 1289-1303.

LOURES F, RIEU-CLARKE A, VERCAMBRE M, 2009. Everything you need to know about the UN Watercourses Convention[EB/OL]. (2008-07-31)[2020-11-27]. https://wwfeu.awsassets.panda.org/downloads/wwf_un_watercourses_brochure_for_web_july2009_en.pdf.

LU Y, TIAN F, GUO L, et al., 2021. Socio-hydrologic modeling of the dynamics of cooperation in the transboundary Lancang-Mekong River[J]. Hydrology and earth system sciences, 25(4): 1883-1903.

LUND M S, 1996. Preventing violent conflicts-a strategy for preventive diplomacy[M]. Washington, DC: United States Institute of Peace.

MADANI K, 2010. Game theory and water resources[J]. Journal of hydrology, 381(3/4): 225-238.

MCCRACKEN M, WOLF A T, 2019. Updating the register of international river basins of the world[J]. International journal of water resources development, 35(5): 732-782.

MEISS J D, 2007. Differential dynamical systems[M]. Philadelphia: Society for Industrial and Applied Mathematics.

MIDDLETON C, ALLOUCHE J, 2016. Watershed or powershed? Critical hydropolitics, China and the 'Lancang-Mekong cooperation framework'[J]. The international spectator, 51(3): 100-117.

MILLY P C, BETANCOURT J L, FALKENMARK M, et al., 2008. Stationarity is dead: whither water management? [J]. Science, 319(5863): 573-574.

MIRUMACHI N, 2015. Transboundary water politics in the developing world[M]. London: Routledge.

MOU L, TIAN F, HU H, et al., 2008. Extension of the representative elementary watershed approach for cold regions: constitutive relationships and an application[J]. Hydrology and earth system sciences, 12(2): 565-585.

MRC, 2005. Overview of the hydrology of the Mekong Basin[R]. Vientiane: Mekong River Commission.

MRC, 2010. Assessment of basin-wide development scenarios-main report[R]. Vientiane: Mekong River Commission.

MRC, 2011. Assessment of basin-wide development scenarios[R]. Vientiane: Mekong River Commission.

MRC, 2019. State of the basin report 2018[R]. Vientiane: Mekong River Commission.

MÜLLER M F, MÜLLER-ITTEN M C, GORELICK S M, 2017. How J ordan and S audi A rabia are avoiding a tragedy of the commons over shared groundwater[J]. Water resources research, 53(7): 5451-5468.

NEUENDORF K A, 2017. The content analysis guidebook[M]. London: SAGE Publications.

Nielsen F, 2011. A new ANEW: evaluation of a word list for sentiment analysis in microblogs[EB/OL]. (2011-03-15)[2020-11-27]. https://arxiv.org/abs/1103.2903.

O'HARA S L, 2000. Lessons from the past: water management in Central Asia[J]. Water policy, 2(4/5): 365-384.

ORR S, PITTOCK J, CHAPAGAIN A, et al., 2012. Dams on the Mekong River: lost fish protein and the implications for land and water resources[J]. Global environmental change, 22(4): 925-932.

OSBORNE M, 2000. The mekong [M]. New York: Atlantic Monthly Press.

POHL B, 2014. EU foreign policy and crisis management operations: power, purpose and domestic politics[M]. London: Routledge.

POHL B, CARIUS A, CONCA K, et al., 2014. The rise of hydro-diplomacy: strengthening foreign policy for transboundary waters[R]. Uppsala, Sweden: Department of Peace & Conflict Research.

POKHREL Y, BURBANO M, ROUSH J, et al., 2018. A review of the integrated effects of changing climate, land use, and dams on Mekong River hydrology[J]. Water, 10(3): 266-290.

RACINE E, WALDMAN S, ROSENBERG J, et al., 2010. Contemporary neuroscience in the media[J]. Social science & medicine, 71(4): 725-733.

RINGLER C, 2001. Optimal allocation and use of water resources in the Mekong River Basin: multi-country and intersectoral analyses[M]. Lausanne: Peter Lang.

RINGLER C, CAI X, 2006. Valuing fisheries and wetlands using integrated economic-hydrologic modeling-Mekong River Basin[J]. Journal of water resources planning and management, 132(6): 480-487.

ROBERTS M E, STEWART B M, TINGLEY D, et al., 2014. Structural topic models for open-ended survey responses[J]. American journal of political science, 58(4): 1064-1082.

ROOBAVANNAN M, VAN EMMERIK T H M, ELSHAFEI Y, et al., 2018. Norms and values in sociohydrological models[J]. Hydrology and earth system sciences, 22(2): 1337-1349.

RÜTTINGER L, SMITH D, GERALD S, et al., 2015. A new climate for peace-taking action on climate and fragility risks[R]. Paris: European Union Institute for Security Studies.

SABO J L, RUHI A, HOLTGRIEVE G W, et al., 2017. Designing river flows to improve food security futures in the Lower Mekong Basin[J]. Science, 358(6368): 1252-1263.

SADOFF C, GREY D, 2002. Beyond the river: the benefits of cooperation on international rivers[J]. Water policy, 4(5): 389-403.

SADOFF C, GREY D, 2005. Cooperation on international rivers a continuum for securing and sharing benefits[J]. Water International, 30(4): 1-8.

SALMAN S M, 2010. Downstream riparians can also harm upstream riparians: the concept of foreclosure of future uses[J]. Water international, 35(4): 350-364.

SAVENIJE H H G, 2000. Water scarcity indicators; the deception of the numbers[J]. Physics and chemistry of the earth, part b: hydrology, oceans and atmosphere, 25(3): 199-204.

SIMMEL G, 2011. Georg simmel on individuality and social forms[M]. Chicago: University of Chicago Press.

SIVAPALAN M, KONAR M, SRINIVASAN V, et al., 2014. Socio-hydrology: use-inspired water sustainability science for the anthropocene[J]. Earth's future, 2(4): 225-230.

SIVAPALAN M, SAVENIJE H H G, BLÖSCHL G, 2012. Socio-hydrology: a new science of people and water[J]. Hydrological processes, 26(8): 1270-1276.

SONG J, WHITTINGTON D, 2004. Why have some countries on international rivers been successful negotiating treaties? a global perspective[J]. Water resources research, 40(5): W05S06(1-18).

STONE R, 2016. Dam-building threatens Mekong fisheries[J]. Science, 354(6316): 1084-1085.

SYKES L R, EVERDEN J F, 1982. The verification of a comprehensive nuclear test ban[J]. Scientific American, 247(4): 47-55.

TAWFIK R, 2015. Revisiting hydro-hegemony from a benefit-sharing perspective: the case of the Grand Ethiopian Renaissance Dam[D]. Bonn: German Development Institute.

TAYLOR M, 1987. The possibility of cooperation[M]. Cambridge: Cambridge University Press.

TESSLER M, 2009. A history of the Israeli-Palestinian conflict[M]. Bloomington: Indiana University Press.

TFDD, 2008. Transboundary freshwater dispute database: program in water conflict management and transformation [EB/OL]. [2020-11-27]. https://transboundarywaters.science.oregonstate.edu/content/transboundary-freshwater-dispute-database.

TIAN F, HU H, LEI Z, et al., 2006. Extension of the representative elementary watershed approach for cold regions via explicit treatment of energy related processes[J]. Hydrology and earth system sciences, 10(5): 619-644.

TIAN F, LU Y, HU H, et al., 2019. Dynamics and driving mechanisms of asymmetric human water consumption during alternating wet and dry periods[J]. Hydrological sciences journal, 64(5): 507-524.

TILMANT A, PINA J, SALMAN M, et al., 2020. Probabilistic trade-off assessment between competing and vulnerable water users-the case of the Senegal River Basin[J]. Journal of hydrology, 587: 124915(1-15).

TRIVERS R L, 1971. The evolution of reciprocal altruism[J]. Quarterly review of biology, 46(1): 35-57.

U. S. Mission to ASEAN, 2020. Launch of the Mekong-U. S. partnership: expanding U. S. engagement with the Mekong Region[EB/OL]. (2020-09-15)[2021-03-08]. https://asean.usmission.gov/launch-of-the-mekong-u-s-partnership-expanding-u-s-engagement-with-the-mekong-region/.

UNBIS THESAURUS, 2021. UNBIS thesaurus[EB/OL]. (2021-07-14)[2021-11-15]. http://metadata.un.org/thesaurus/?lang=en.

UNEP, 2016. Transboundary waters assessment programme (TWAP) Vol. 3: transboundary river basins: status and trends: summary for policy makers[R]. Nairobi: UNEP Publications.

UNITED NATIONS, 2019a. Progress on transboundary water cooperation: global baseline for SDG 6 indicator 6. 5. 2 [R]. New York: United Nations.

UNITED NATIONS, 2019b. Indicator 6. 5. 1 "Degree of integrated water resources management implementation (0-100)" [EB/OL]. [2020-10-29]. https://www.sdg6monitoring.org/indicators/target-65/.

URBAN F, SICILIANO G, NORDENSVARD J, 2018. China's dam-builders: their role in transboundary river management in South-East Asia[J]. International journal of water resources development, 34(5): 747-770.

WALTZ K N, 1979. Theory of international politics [M]. Manhattan: McGraw-Hill.

WANG W, LU H, RUBY LEUNG L, et al., 2017. Dam construction in Lancang‐Mekong River Basin could mitigate future flood risk from warming-induced intensified rainfall[J]. Geophysical research letters, 44(20): 10378-10386.

WEAVER D A, BIMBER B, 2008. Finding news stories: a comparison of searches using LexisNexis and Google News[J]. Journalism & mass Communication quarterly, 85(3): 515-530.

WEEDON G P, BALSAMO G, BELLOUIN N, et al., 2014. The WFDEI meteorological forcing data set: WATCH forcing data methodology applied to ERA-Interim reanalysis data[J]. Water resources research, 50(9): 7505-7514.

WEI J, WEI Y, TIAN F, et al., 2021. News media coverage of conflict and cooperation dynamics of water events in the Lancang-Mekong River basin[J]. Hydrology and earth system sciences, 25(3): 1603-1615.

WEI J, WEI Y, WESTERN A, 2017. Evolution of the societal value of water resources for economic development versus environmental sustainability in Australia from 1843 to 2011[J]. Global environmental change, 42: 82-92.

WEI J, WEI Y, WESTERN A, et al., 2015. Evolution of newspaper coverage of water issues in Australia during 1843-2011[J]. Ambio, 44(4): 319-331.

WEISS M I, 2015. A perfect storm: the causes and consequences of severe water scarcity, institutional breakdown and conflict in Yemen[J]. Water international, 40(2): 251-272.

WHEELER K G, HALL J W, ABDO G M, et al., 2018. Exploring cooperative transboundary river management strategies for the Eastern Nile Basin[J]. Water resources research, 54(11): 9224-9254.

WILLIAMS J M, 2020. Discourse inertia and the governance of transboundary rivers in Asia[J]. Earth system governance, 3: 100041.

WINDER N, MCINTOSH B S, JEFFREY P, 2005. The origin, diagnostic attributes and practical application of co-evolutionary theory[J]. Ecological economics, 54(4): 347-361.

WOLF A T, 1999. The transboundary freshwater dispute database project[J]. Water international, 24(2): 160-163.

WOLF A T, KRAMER A, CARIUS A, et al., 2005. Managing water conflict and cooperation[M]// ASSADOURIAN E, BROWN L, CARIUS A, et al., State of the World 2005. London: Routledge.

WOLF A T, STAHL K, MACOMBER M F, 2003b. Conflict and cooperation within international river basins: the importance of institutional capacity[J]. Water resources update, 125(2): 31-40.

WOLF A T, YOFFE S B, GIORDANO M, 2003a. International waters: identifying basins at risk[J]. Water policy, 5(1): 29-60.

WWF, 2011. The 1997 United Nations Convention on the Law of the Non-Navigational Uses of International Watercourses: what is in it for the European Union Member States? [EB/OL]. [2020-11-27]. http://assets.panda.org/downloads/brief_eu_apr2011_final.pdf.

YOFFE S, LARSON K, 2001. Chapter 2 basins at risk: water event database methodology[EB/OL]. (2001-10-01) [2020-11-27]. https://transboundarywaters.science.oregonstate.edu/sites/transboundarywaters.science.oregonstate.edu/files/Database/Data/Events/Yoffe%20%26%20Larson-Event%20Coding.pdf.

YOFFE S, WOLF A T, GIORDANO M, 2003. Conflict and cooperation over international freshwater resources: indicators of basins at risk[J]. Journal of the American Water Resources Association, 39(5): 1109-1126.

YOSHIMATSU H, 2015. The United States, China, and geopolitics in the Mekong Region[J]. Asian affairs: an American review, 42(4): 173-194.

YU Y, TANG P, ZHAO J, et al., 2019a. Evolutionary cooperation in transboundary river basins[J]. Water resources research, 55(11): 9977-9994.

YU Y, ZHAO J, LI D, et al., 2019b. Effects of hydrologic conditions and reservoir operation on transboundary cooperation in the Lancang-Mekong River Basin[J]. Journal of water resources planning and management, 145(6): 04019020(1-12).

ZAWAHRI N A, MITCHELL S M, 2011. Fragmented governance of international rivers: negotiating bilateral versus multilateral treaties1[J]. International studies quarterly, 55(3): 835-858.

ZEITOUN M, 2008. Power and water in the Middle East: the hidden politics of the Palestinian-Israeli water conflict[M]. London: IB Tauris & Co Ltd.

ZEITOUN M, MIRUMACHI N, 2008. Transboundary water interaction I: reconsidering conflict and cooperation[J]. International environmental agreements: politics, law and economics, 8(4): 297-316.